好奇事务所

MAGICAL THING

中国科普研究所
科学媒介中心 / 编著

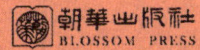

contents 目录

第 1 章 认识地球

1-1 水是怎么形成的？ ……002

1-2 山从哪里来？ ……006

1-3 云来自哪里？ ……010

1-4 闪电有多远？ ……014

1-5 地球长什么样？ ……017

1-6 为什么地球会成为生命的乐园？ ……022

1-7 "盖娅之谜"解开了吗？ ……026

2-1　日食是怎么形成的？……036

2-2　黑洞长什么样？……040

2-3　宇宙中的暗能量有多大？……046

2-4　宇宙的热点在哪里？……052

2-5　其他行星上的日落是什么颜色？……058

2-6　去火星旅游，不可错过的奇观异景……064

2-7　我们的宇宙正在慢慢老去……071

第 **2** 章

太空漫步

contents 目录

3-1　地震可以准确预报吗？……080

3-2　火山为什么会喷发？……084

3-3　地球为什么发烧了？……091

3-4　光污染会让星空消失吗？……098

3-5　地球怎么保护自己呢？……100

3-6　如果地核变冷，世界将会怎样？……105

3-7　能够毁灭地球生命的六大宇宙灾难　……110

第 3 章　地球脉动

第 4 章 保护地球

4-1　我们每天都在"吃"塑料 ……120

4-2　空气污染的主要来源是什么？ ……126

4-3　气候变化会影响人类健康吗？ ……131

4-4　气候变化对海洋监测的影响 ……135

4-5　我们有可能将全球气温增幅控制在 2℃ 以内吗？ ……140

4-6　地球生态系统可以重启吗？ ……146

4-7　有一天我们真的会需要挪亚方舟吗？ ……149

第 1 章
认识地球

1-1 水是怎么形成的？

水乃生命之源。如果我们可以低成本、清洁、安全地大规模生产水，就有可能解决全球面临的很多挑战，但事情并没有那么简单。

水是怎么来的？

原子是宇宙中所有物质的最基本构成要素，原子结合起来就会形成分子。

一个纯水分子是由两个氢原子结合一个氧原子组成的。科学家认为，地球上的水可能来自行星形成过程中富水矿物的融化，以及数十亿年前冰冷的彗星撞击地球后融化所致。

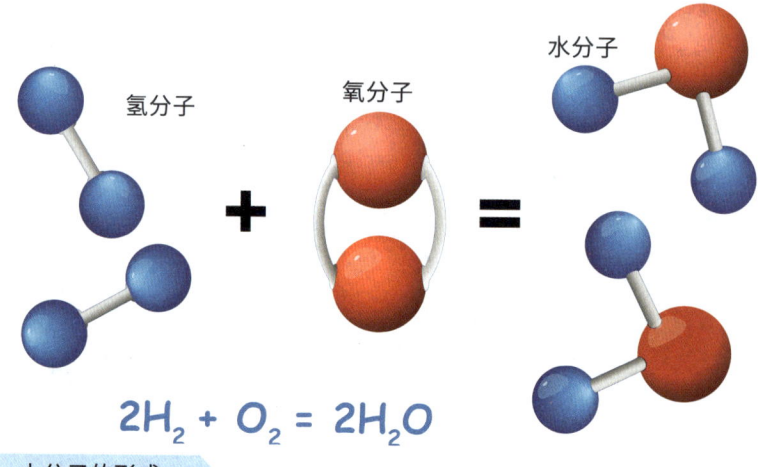

$2H_2 + O_2 = 2H_2O$

水分子的形成

为什么我们不能自己制水？

尽管我们在实验室中制造少量纯水是可能的，但要想混合氢氧来大量制造水并不现实。做制水实验十分昂贵，还会释放很多能量，甚至有可能造成大爆炸。

尽管地球上存在的水总量是一定的，但水在地球上会不断地变换位置及状态。也就是说，有时候它会是液体（水），有时会是固体（冰），有时又会是气体（水蒸气）。

科学家将这种改变过程称为水循环——水不停地在空气、陆地和海洋之间循环。

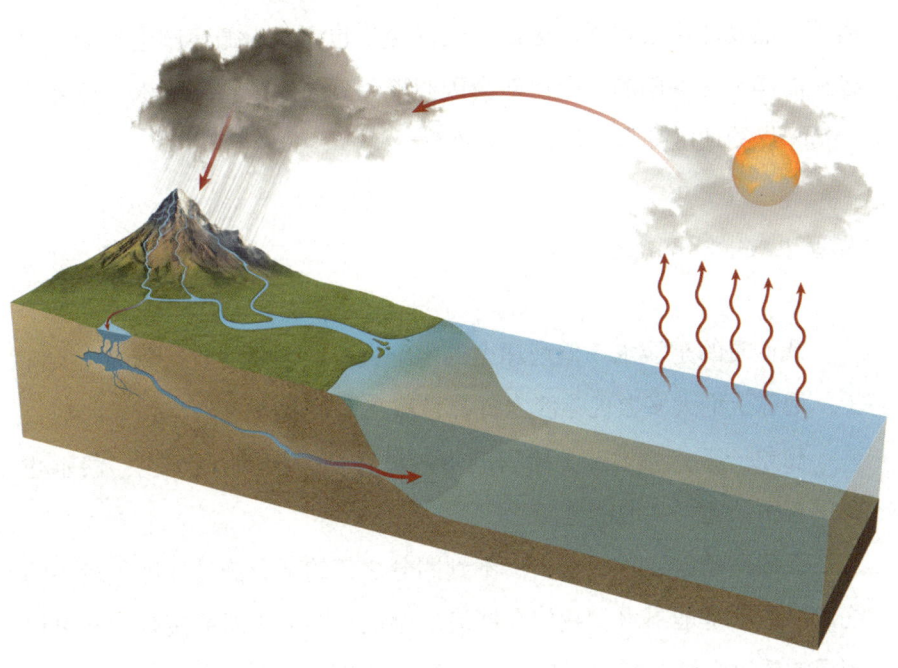

水循环示意图

水循环的兜兜转转

水循环的起点是水从海洋、湖泊、河流、湿地等中蒸发，进入空气中。

随着温度升高，富含水的空气逐渐升高、冷却，然后含水量降低，由此形成云朵。最终，水蒸气又回到液态水的状态，以雨水的形式回归大地。

降雨后，没有及时变成水蒸气升腾到大气中的雨水，要么随地表径流流入大海，要么被土壤吸收形成地下水（可储存在岩缝中）。

植物可以利用根部吸收地下水，然后通过叶片中的微孔将水排出（蒸腾作用）。地下水通过土壤慢慢流入海洋，然后进入下一轮循环。

水循环对于温度和压强的变化尤为敏感。例如，在高温多风的环境中，蒸发作用会更强。因此，气候变化也会对水循环产生影响。曾经在海洋上空降雨的云朵可能会因此飘移到陆地上空才降水，这会让一贯干燥的地区变得湿润；反之亦然。

唯有两滴淡水可饮

我们喝的是淡水，但地球上的水绝大多数都是含有盐分的。实际上，地球上绝大多数现存淡水资源是藏在地表之下的地下水。

想象一下，将地球上所有的水装进容积为1升的瓶子里，淡水也就只有两汤匙，其他都是海水。

在"两汤匙"的淡水中，不到四分之三的部分冻结成冰，剩下的绝大多数都是地下水。我们在河流、湿地和湖泊中所能接触到并可以利用的淡水资源，其实算起来还不到"两滴"。

因此，保护地下淡水资源十分重要，因为去除海水盐分的成本及耗能都极高。大气、土壤和海洋都是互联互通的，我们在任何一处所造成的污染都有可能进一步影响其他地方的水质。

倒入污水槽或排入大气中的化学药品可能最终会混入地下水，

节约用水

污染我们的淡水水源，这就意味着未来能供人类使用的淡水资源会更少。

因此，尽管我们不能制造更多的水，但我们可以通过多种节约和保护的方式来充分利用现有的水资源。

第1章

1-2

山从哪里来?

认识地球

山的形成过程

从科学的角度来看,山究竟是怎么形成的呢?

你可以拿出一张纸，平放在桌子上，然后将两手的指尖放在这张纸的两边，慢慢地做相对运动，会看到纸的中间部分鼓起来。这就好比山形成的过程，平坦的岩层相互挤压，隆起上升，造就了高山。

地质学家发现，地球的表面就像一块巨大的拼图，由许多碎片组成，这些碎片被称为"板块"，它们移动、相互碰撞，产生了地震，地震缓慢地推动地表上升，形成了山脉。

这一过程非常缓慢，山会在几百万年里一直不断地抬升，直到实在是重到升不动了，才横向发展。

珠穆朗玛峰

山从哪里来？

比如，澳大利亚和新西兰处于两个不同的"板块"上，它们以每年几厘米的速度靠近彼此。在它们互相碰撞的地方，地面抬升形成了令人叹为观止的新西兰的最高山脉——南阿尔卑斯山。假如你身高180厘米，想象一下，有2000个和你一样高的人，一个叠一个站在彼此的肩膀上。南阿尔卑斯山的最高峰比这样的叠罗汉还高。

当地壳从下面被向上推时，就形成了山脉。新西兰的南阿尔卑斯山就是这样形成的，非洲东部的高原也是如此。就像一个巨大的热气球从地球深处升起，将非洲的东部向上推，形成了一个海拔4000米的高原。正是这片高原分裂成了著名的东非大裂谷，其长度是新西兰南阿尔卑斯山高度的两倍。

"板块"相互碰撞抬升，就形成了山脉

海底的山

有的山在海底

地球上有许许多多的崇山峻岭，有些我们看得见，有些我们看不见，因为它们可能在海底。如果乘坐潜水艇潜入澳大利亚和南极之间的大海，你会看到一条长长的山脉，那里就是澳大利亚所在的印度洋板块和南极洲板块渐行渐远的地方。

1-3 云来自哪里?

在解释云来自哪里之前,先来谈一谈水。人们喝的水是液态水,除此之外,还有固态水,例如冰块和雪花。水也可以作为气体存在,此时被称为水蒸气,它无处不在。当环境很潮湿时,空气中有大量水蒸气,人们会感觉非常闷热和黏腻。

火烧云

云是非常非常小的水滴

为了形成云,需要将空气冷却到水蒸气能够液化的温度。最好的方法是让空气上升,因为进入大气层的位置越高,温度越低。空气上升的原因有很多,最常见的是白天太阳照射使气温升高而引起的。想象一下某个阳光充足的夏日,太阳从早晨开始就照射着学校的篮球场。因为暖空气比冷空气轻,所以一个充满水蒸气的大气泡,慢慢地从篮球场上升起。随着气泡向上升起,它开始慢慢冷却。上升的位置越高,温度变得越低。

最终,在学校上空的某一位置,气泡的温度已经冷却到足以使水蒸气变成液态水,该位置被称为凝结高度。当水蒸气变成微小的液态水时,就会形成一团云。说白了,云只是非常非常小的水滴,小到可以借助上升的气流在空中运动。当越来越多的气泡向上升,就会形成更多的云。

第1章 认识地球

像棉花的云

云的种类

由升高的暖气流形成的云被称为"对流云"。所有上升的空气（气泡）在高空堆积碰撞，有时会产生非常厚的云层，看起来像棉花或花椰菜。

当空气缓慢而轻柔地在一个区域上升并达到凝结高度时，会形成看起来非常光滑的云。

有时空气上升到凝结高度，然后回落到凝结高度以下，又反复上升、下降。由于空气高度不断变化，温度也随之上升或下降，就会产生有条纹的云。

空气运动的方式创造了各种不同形态的云。人们看到的灰色云层中都含有液态水。然而，正如前面所讲，水也可以作为固体存在。非常高的云温度很低，看起来可能是纯白色，这些云中就含有固态水——冰。

与云亲密接触

触摸云会是什么感觉？它会像看上去那么蓬松吗？摸起来是坚硬的还是柔软的，温暖的还是寒冷的？

其实，每个人都有触摸云的经历，因为雾就是地面上的"云"。当气温降低，空气中多余的水汽凝结出来，变成水滴或冰晶，就是雾。所以下次你看到雾，就可以走到室外去进行亲密接触了。

1-4 闪电有多远?

夏天的雷雨天气比较多，在电闪雷鸣中，保护自己的安全十分重要。

每个人都知道"先看到闪电，后听到雷声"，就像孩童时期，闪电一闪而过，心里就会开始默念数秒，直到雷声轰隆隆响起。

但是，心里默念的这几秒钟能够让人知道闪电有多远吗？物理学有相对快速简单而且准确的计算方法。

先看到闪电，后听到雷声

当一场大风暴袭来时会发生什么？闪电是发生在云层之间或云层与地面之间强烈放电的过程。雷声则是闪电释放的热量导致空气迅速膨胀而发出的声音。

如果距离闪电足够近，就会同时看到闪电并听到雷声，但是距离很远时，它们就会出现在不同的时间点，因为光的传播速度比声音快得多。这就好比你坐在最后一排看一场棒球比赛，你看见棒球手击球的时间比听

闪电

见"砰"的击球声,要早一两秒钟。

与闪电保持安全距离

光的传播速度很快,肉眼根本无法检测到。声音的传播速度则慢得多,这使得人们有机会对它进行计算和研究。

闪电有多远?

闪电击中建筑物

声音每秒钟传播约340米,也就是说,当你看到闪电后3秒内听到雷声,说明闪电发生在距离你1000米远的地方。

既然可以算出闪电有多远,是否可以与它保持安全距离呢?答案是否定的。雷声可以在40千米以外听到,所以如果你能听到雷声,就有足够的概率被闪电击中,躲在室内或封闭的车内是最安全的选择。

最后,千万不要迷信"闪电不会两次都击中同一个地方",这完全是错误的。要知道,美国帝国大厦顶部平均每年被闪电击中23次。

1-5 地球长什么样?

地球是人类的家园。了解地球的构造，我们将了解为什么会发生地震、海啸、火山爆发等与生命息息相关的问题。

地球的基本构造

地球的内部由地壳、地幔和地核三层结构构成。最外层是地壳，由沉积岩、花岗岩、玄武岩等组成。地壳的厚度是不均匀的，大陆部分平均厚度约33千米，高山、高原地区（如青藏高原）地壳厚度可达60~70千米；海洋地壳较薄，平均厚度约6千米。下面是深入地球中心近一半的地幔，主要由致密的造岩物质构成。地幔深度大约为2900千米，分为上地幔和下地幔。整个地幔的温度在1000℃~3000℃，这么高的温度足以使岩石熔化。接下来是深度为5150千米的外层地核和深度为6400千米的内层地核，其物质组成以铁、镍为主。地核中心的压力可达到350

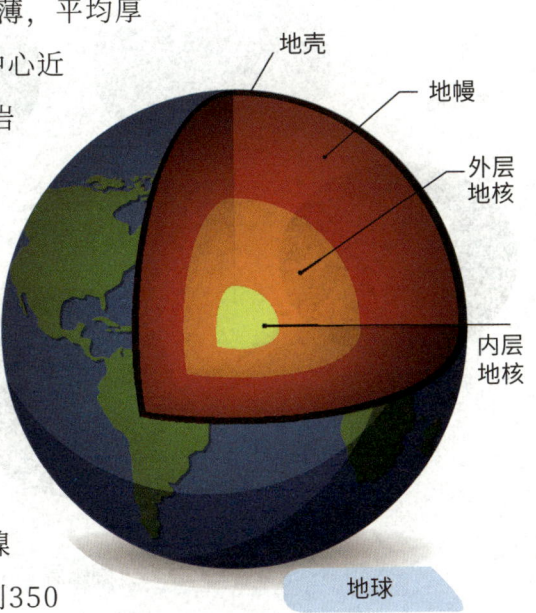

地球

万个大气压，温度是6000℃。

地球外圈分为四个圈层，即大气圈、水圈、生物圈和岩石圈。大气圈是地球外圈的气体圈层，它包围海洋和陆地；水圈包括海洋、江河、湖泊、沼泽、冰川和地下水等；生物圈是地球上一个独特的圈层，它对地球的影响会越来越重要；岩石圈主要由地壳和上地幔的顶部组成，厚度不均匀，平均厚度约为100千米。由于岩石圈及其表面形态与现代地球物理学、地球动力学有着密切的关系，因此，它是现代地球科学中被研究得最多、最详细的地球部分，科学家通过研究岩浆运动规律，解释一些地球物理现象和地质现象。

大陆漂移说是解释地壳运动和海陆分布、演变的学说，由德国气象学家魏格纳在1912年首先提出。大陆漂移说认为，地球上

地球外圈圈层

所有大陆在中生代以前曾经是统一的巨大陆块，称为泛大陆或联合古陆。从中生代开始，泛大陆分裂并漂移，逐渐到达现在的位置。由于不能更好地解释板块漂移的原理，该学说当时曾受到地球物理学家的反对。20世纪50年代中期至60年代，随着古地磁与地震学、太空观测技术的发展，不断发现的新证据越来越支持大陆可能运动的假说，使一度沉寂的大陆漂移说获得了新生，一场地球科学革命才真正发生。

1968年，法国科学家勒比雄在大陆漂移说的基础上，进一步把陆地和海底统一起来考虑，认为洋底和陆地都是岩石圈的组成部分，进

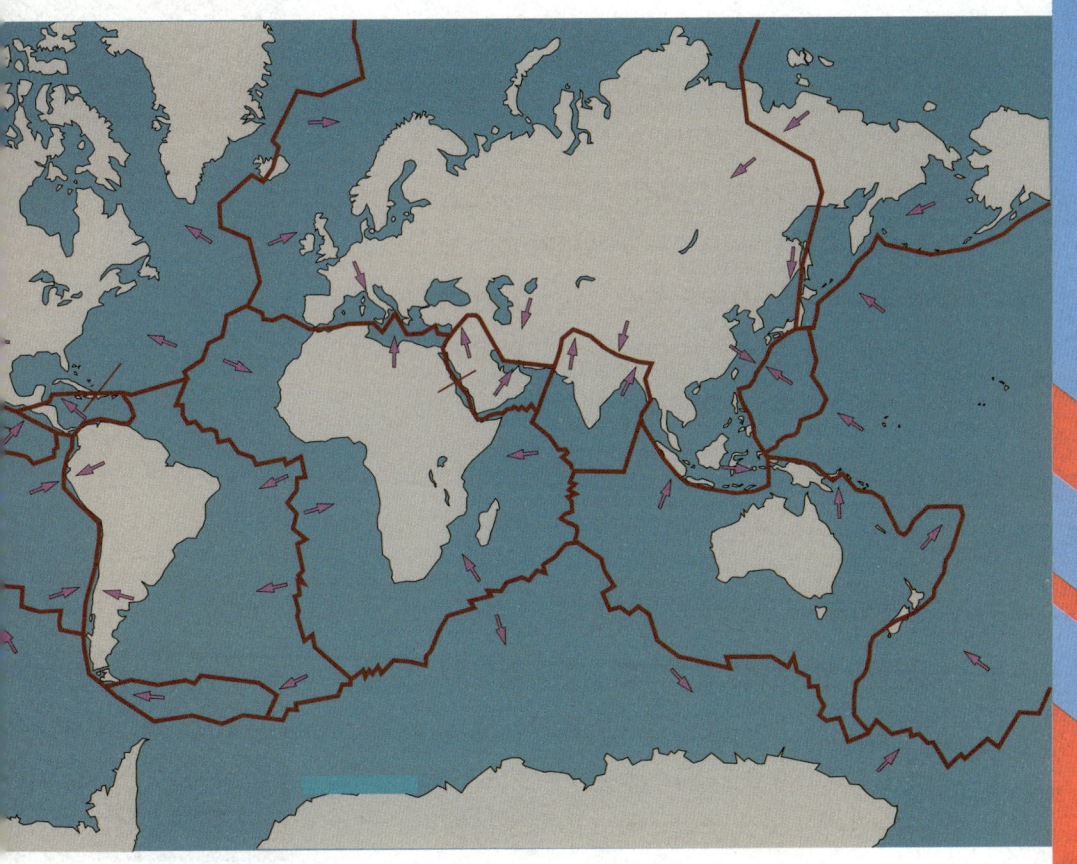

大陆板块

地球长什么样？

而提出一种全新的大陆构造学说——大陆板块学说。

　　大陆板块学说描绘了一幅生动活泼的地球画像，力求从整体上把握全球的地质运动规律。该学说认为岩石圈的构造单元是板块，板块的边界存在洋中脊、转换断层、俯冲带和地缝合线。由于地幔的物质对流，板块在洋中脊处分离、扩大，在俯冲带和地缝合线处俯冲、消失。全世界被划分为六大板块：欧亚板块、太平洋板块、美洲板块、非洲板块、印度洋板块和南极洲板块。每一板块都是一种巨大而坚硬的活动岩块，其厚度为50~250千米不等，包括地壳和地幔的一部分。大陆板块每天都在以微小的变化运动着，地震、火山爆发、海啸、海沟的形成等都是大陆板块运动引起的。到了20世纪80年代，人们确信，从提出大陆漂移说到确立板块学说，构成了一次名副其实的现代地球科学领域的伟大革命，板块运动被确立为地球地质运动的基本形式，地球科学也进入一个新的发展阶段。

对地球外圈结构的新认识

　　在当代，卫星观测手段推动了人类对大陆岩石圈、水圈、大气圈、生物圈之间复杂关系的认识，推动了人类认识、适应和改造地球环境的进程。太空观测发现了离地表2000米左右的高空存在一个带电粒子区，即地球的辐射带，还发现了地磁场

的等离子体幔，探测了行星际磁场和太阳风对地球磁场、天气变化和无线电通信等的影响，测量了地球重力场、宇宙射线和微流星等，使人们可以较准确地测绘地球磁场和地球辐射带，加深和拓展了对地球活动规律的认识。

地球磁场

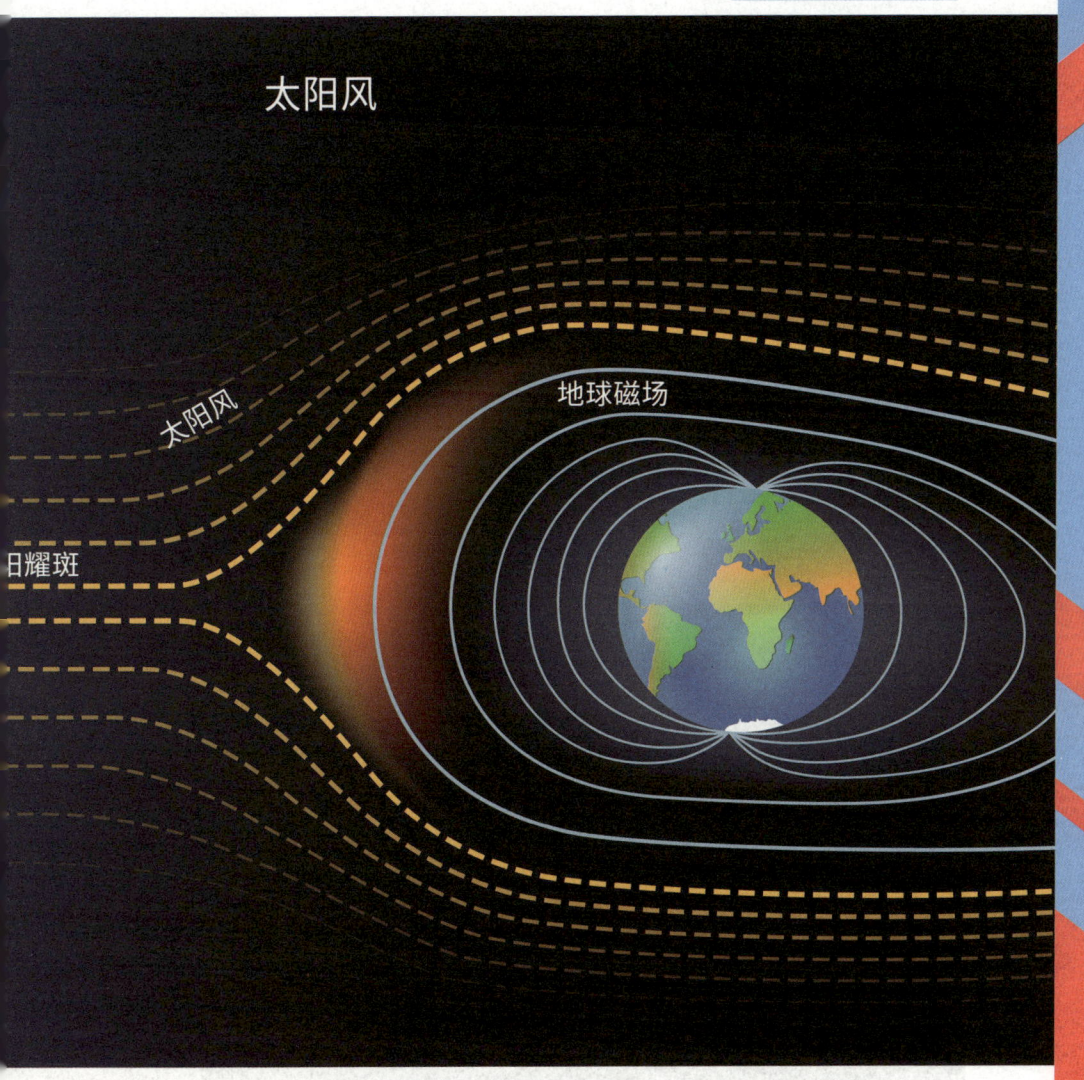

第1章

1-6 为什么地球会成为生命的乐园？

认识地球

在地球上，高原、海洋、沙漠、极地……无处不是生命活动的舞台。那么，地球为何能成为生命的乐园呢？

因为地球具备有利于生命生存和繁衍的种种条件。地球的主要能源来自太阳，而太阳恰好是一颗合适的恒星。如果

沙漠

高原

太阳的温度太低，就不能够为周围的行星提供足够的能量；如果太阳的温度太高，那么它辐射的能量就会集中在紫外线甚至X射线波段，而这些高能辐射很容易将生命置于死地。太阳温度适中，已经稳定地发光发热达50亿年之久，为生命起源和演化的漫长过程提供了充分的能源保障。

极地冰川

海洋

第1章 认识地球

太阳辐射波

地球是一颗质量大小适中的行星，它的引力正好可以拽住大气、维持海洋。地球与太阳的距离恰到好处，使地球上有足够多的液态水。液态水是极好的溶剂，能溶解多种化学物质，进行生命所需的各种化学反应。地球生命起源于大海，现今也有大量生物在水中生活，而且生命体本身就包含水分，其新陈代谢过程也都离不开液态水。

　　最后，地球拥有生命所必需的各种元素，最主要的如碳、氢、氧、氮、磷等元素。

　　满足上述某些条件的行星或许并不少，但要满足所有这些条件却非常不易。因此，人们常说，住在地球上真是好幸运啊！

第1章 认识地球

1-7 "盖娅之谜"解开了吗?

我们可能很难再现地球上生命起源的一幕。也许是在一个阳光普照的浅水池里,抑或是在地表以下几千米深的海底那些涌出富含矿物质液体的地壳裂缝附近。尽管我们已经有足够的证据证明至少在37亿年前,生命已然存在,但我们仍然对生命的起点知之甚少。

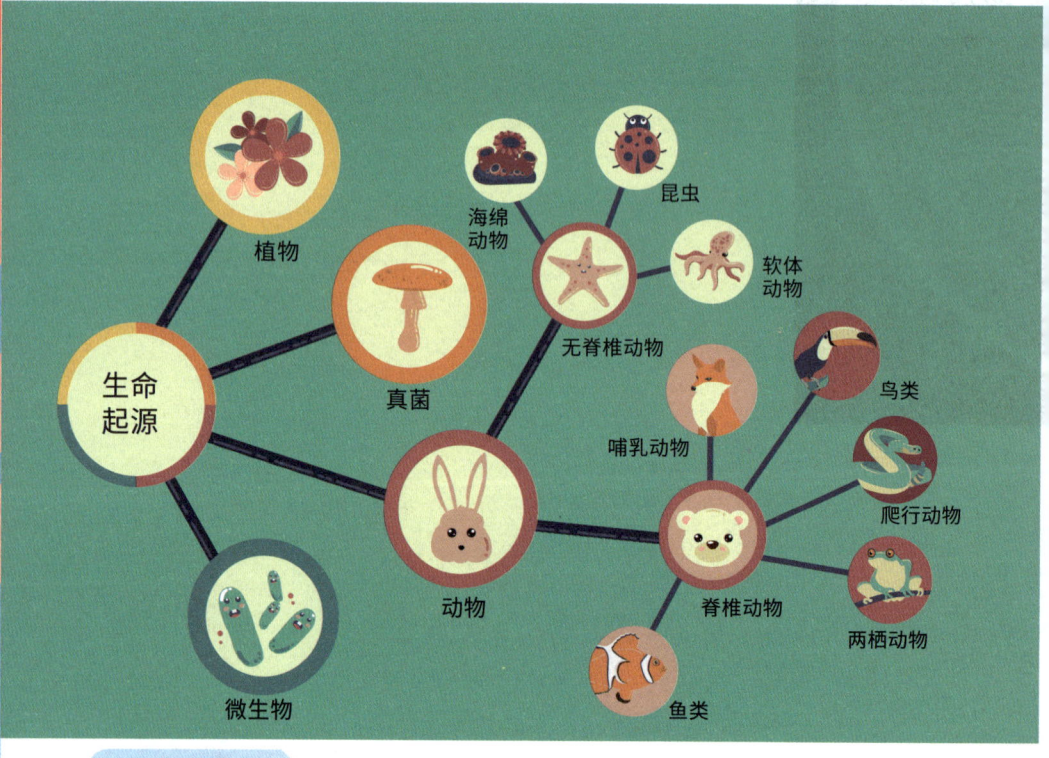

生命树

亿万年的历史告诉了我们一个显而易见的事实：生命一直在延续。尽管地球不断被小行星撞击，爆发过毁灭性的火山灾害，也经历过极端的气候变化，但是生命不仅没有消失，反而愈发强大。

这是为什么呢？

"盖娅假说"的提出

20世纪60年代，英国科学家詹姆斯·拉夫洛克在为美国航天局工作时提出了"盖娅假说"。他认识到生命并不是地球上的过客，相反，生命彻底重塑了地球，创造了石灰岩等新岩石，通过产生氧气影响了大气，并推动了氮、磷和碳等元素的循环。人类造成的气候变化很大程度上是我们燃烧化石燃料的结果，而这只是生命影响地球系统的最新方式而已。

"盖娅假说"最初认为生命通过与地壳、海洋和大气相互作用，对地球表层尤其是大气的构成和气候变化，产生了稳定的影响结果。有了这样一个自我调节的过程，生命就能够在复杂多变的条件下生存下来，而没有自我调节的行星上，就没有生命。

"盖娅假说"争议

现在人们已经承认生命是地球上的一种强大力量，但对"盖娅假说"仍然存在争议。许多科学家都认为地球存在生命要归功于偶然的好运气。如果地球完全进入了冰冻或高温状态（类似于火星或金星），那么生命就会灭绝，我们也无须在这里思考它是如何持续这么久的了。这是人们普遍接受的一种论点。

地球上的生命无疑是幸运的。首先，地球在太阳系中处于宜居地带，它以一定的半径围绕太阳运行，这个半径距离使得地球的表面温

第1章

认识地球

小行星撞击地球

「盖娅之谜」解开了吗？

度适合产生液态水。或许宇宙中有其他奇特的生命组成形式，但就目前我们所了解的情况来看，生命的组成需要水。地球上的生命也很幸运地避免了巨型小行星的撞击。如果有一块陨石比6600万年前导致恐龙灭绝的陨石大的话，它撞过来就有可能彻底摧毁地球。

但是，如果生命能让命运天平向自己倾斜呢？如果生命在某种意义上，通过减少行星尺度扰动的影响，从而让自己变得幸运呢？这就引出了"盖娅假说"中最突出的问题：行星的自我调节是如何起作用的？

虽然自然选择的解释性很强，并且可以说明我们所观察到的物种随时间变化的原因，但我们一直缺乏一种理论来解释地球上的生物和非生物是如何进行自我调节的。因此，"盖娅假说"通常被认为是一个有趣的设想，但也只是推测性的，也就是说，这个假说并不是基于任何可验证的理论而提出的。

选择稳定

人们似乎终于找到了"盖娅假说"的合理解释，其原理是"顺序选择"。理论上讲很简单，当生命出现在这个星球上时，它就开始影响着环境条件，逐渐形成一种稳定的状态。这种稳态类似于恒温箱，但也可能是一种不稳定的失控状态，例如"雪球地球"时期，那时地球上生活了超过6亿年的物种几乎覆灭殆尽。

如果稳定下来，生物将会进一步得到进化，这将重新配置生命与地球之间的相互作用。一个著名的例子是在大约30亿年前没有氧气的世界里，出现了可以产生氧气的光合作用。如果新出现的相互作用逐渐稳定，那么行星系统将继续进行自我调节。但新的相互作用也可能产生干扰和失控。就光合作用而言，在大约23亿年前，大气中的氧气含量突然升高，这是地球历史上为数不多的时期之一，并且彻底地重

1-7 「盖娅之谜」解开了吗？

"雪球地球"时期

启了环境系统。

选择机制

生命和环境自发地进行自我调节的机会可能比我们预期的要多得多。实际上，生物多样性越丰富，这种可能性就越大。但这种稳定性是有限度的，如果超越临界点，它可能会迅速崩溃，从而进入一个新的、可能非常不同的状态。

温室效应

这不是一个纯粹的理论推理，因为我们可以用许多不同的方法来验证它。从微观尺度来说，我们可以进行不同细菌菌落的实验；而从宏观尺度上，它可用于寻找其他恒星系的生物圈，并利用这些数据来推算宇宙中生物圈的总数，不只是它们的产生，甚至是它们的延续状况。

我们不该忘记这些发现与当前气候变化之间的相关性。无论人类做什么，生命都会以某种方式继续。但如果我们继续排放温室气体，从而影响气候，那么我们就有可能助推某些危险难控的气候变化。而这些危险可能使人类文明走向终结，到那时我们也就不再能够进一步影响气候了。

"盖娅假说"所描绘的自我调节作用可能非常有效，但没有证据表明它更钟情于某一种生命组成方式。在过去的37亿年里，地球上出现了无数的物种，然后又消失了，我们没有理由认为人类在这方面会得到更多的眷顾。

第 2 章
太空漫步

2-1 日食是怎么形成的？

日食，也叫日蚀，我国古代将这一现象描述为"天狗食日"，在发生日食的时候，人们敲锣打鼓来驱赶天狗。在那个时代，世界上很多文明都将日食的出现看作巨大灾祸的预兆，历史上甚至有因日食而使交战双方惧而休战的记载。

日食

2-1

日食全过程

日食是怎么形成的？

日食的观测历史

作为农耕民族，指导农业生产的天文历法一直是中国历朝历代关注的重点。无论是久远的"十月太阳历"还是沿用至今的农历，都与太阳观测息息相关。我国对日食的观测历史悠久，早在公元前1948年

第 2 章

日食成因示意图

便有了日食的记载，《诗经》更是详细记载了发生在公元前776年9月6日的日食："十月之交，朔日辛卯。日有食之。"

我国古代的日食观测记录从未中断，如编年史《春秋》就记载了发生在公元前722年—公元前479年的37次日食，公元3世纪后的日食记录更是一直延续到近代。这些绵延上千年的观测记录成为天文学家公认的最可信的日食记载。

不同类型的日食

人类历史上意义最重大的一次日食发生在1919年，英国天文学家爱丁顿在南大西洋的日全食带上观测到了太阳引力产生的星光弯曲现象，从而证实了爱因斯坦广义相对论的一项预言。

众所周知，地球围绕太阳公转，月球围绕地球公转。当月球运动到太阳和地球之间时，如果三者正好处在一条直线上，月球就会挡住太阳射向地球的光，地球上就会观察到日食现象。

日食的分类

简单来说，日食分为以下三种类型：

日全食：只出现在月球位于近地点时，从地球上看，太阳完全被月球挡住。由于太阳的实际体积比月球大很多，所以在地球上仅有很少一部分地区可以看到日全食，这也是光沿直线传播的最好证明。

日偏食：常常伴随着其他食相发生，当地球上的观测者处在月球的半影区中，他们会看见太阳的一部分被月球的阴影遮挡，而另一部分仍在发光。这时候太阳和月球只有部分重合，所以形成日偏食。

日环食：当月球处于远地点时，月球的阴影不足以完全遮挡太阳，导致太阳的中心部分是黑的，太阳的边缘仍然明亮，形成一个美丽的光环。

2-2 黑洞长什么样?

近一个世纪前,爱因斯坦的广义相对论就预言了黑洞的存在。目前科学上认为黑洞不仅存在,而且实际上是宇宙中最极端的现象。还记得诺兰导演的电影《星际穿越》吗?相信很多人都被电影中展示的超大黑洞"卡冈图雅"震撼了吧,不过,我们从网络上所能看见的黑洞都属于艺术想象,都是电脑制作渲染出来的,人类此前并没有真正"见过"黑洞。

2019年4月10日,人类对黑洞样貌的恣意想象被终结,科学第一次创造了对黑洞这一极端自然存在的基于证据的直观非虚构记录,事件视界望远镜(EHT)组织展示了人类的第一张黑洞成像。

黑洞到底长什么样子?

EHT拍摄的银河系人马座A*(SgrA*)图像,实际捕捉的是黑洞在其伴生的明亮吸积盘上的阴影。由于黑洞附近的强引力,盘状星云的光线会在视界周围扭曲成环状,因此即使是黑洞后面的物质,也会变得可见。

2-2

银河系人马座 A* 成像

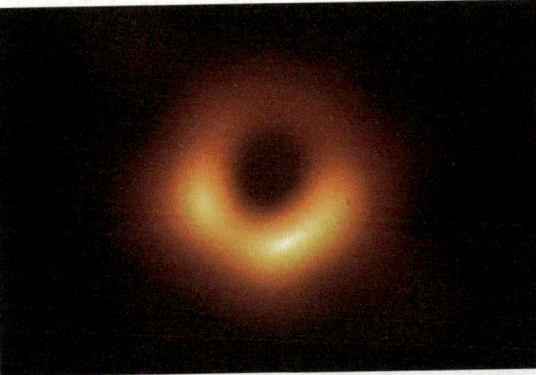

黑洞

黑洞长什么样？

047

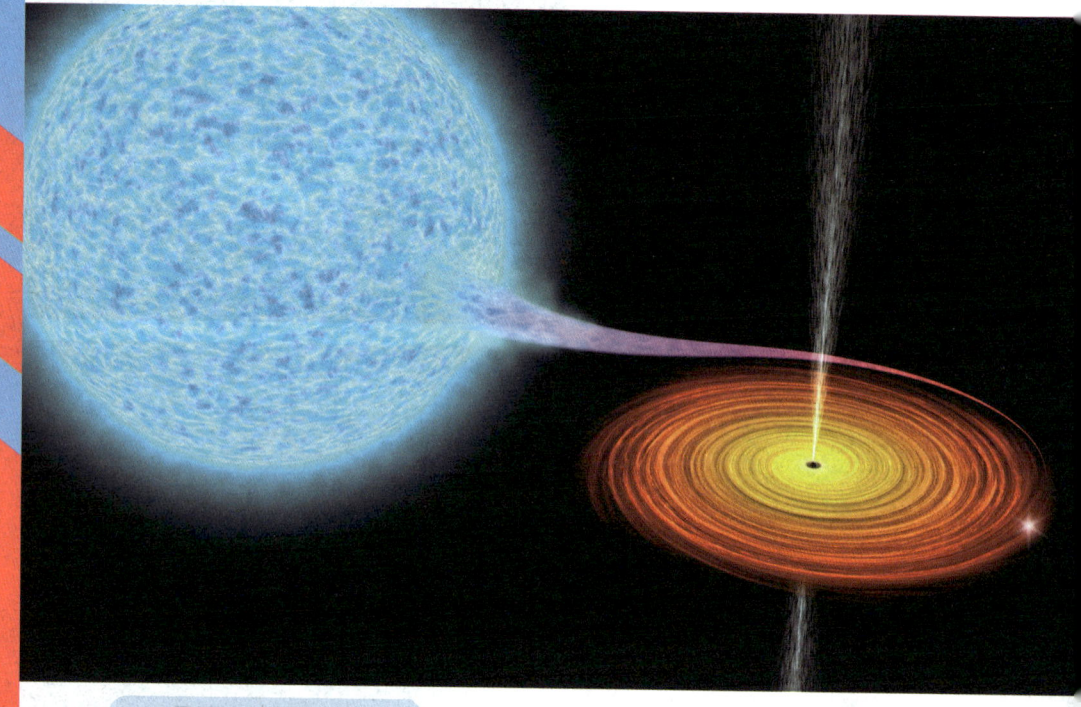

黑洞吸积盘的形成

在引力作用下，来自圆盘内部的光比外部的光更强烈地弯曲，所以地球上能看见的黑洞的一面会更亮，另一面则会偏暗。

黑洞是名副其实的巨大的引力怪兽，要找到黑洞是很难的一件事情，它们的引力是如此之强，即使是光也无法从那里逃逸，使得它们变得"不可见"。但是天文学家知道黑洞在那里是因为黑洞周围物质的运动。当黑洞的引力吸进气体和尘埃时，这些物质沉淀到一个吸积盘中，原子以极快的速度相互碰撞。所有这些活动将物质加热到白炽状态，因此黑洞会发出X射线和其他高能辐射。宇宙中最贪婪的黑洞有着比星系中所有恒星都要亮的圆盘。

黑洞如何产生喷流

一些黑洞像贪婪的饕餮，吸入大量的气体和尘埃，而另一些则是挑食者。人马座A*是一个挑食者，尽管它的质量相当于400多万个太阳，但它的吸积盘却异常地暗淡。M87星系（处女座A星系）中的黑洞就是一个贪婪的饕餮，其本身的质量相当于35亿~72.2亿个太阳质量。它不仅有一个明亮的吸积盘，还发射出一束明亮、快速的带电亚原子粒子喷流，其长度达到5000光年以上。

科学家称，黑洞会喷出一条长光柱。这听起来有些违背人们的生活常识，通常人们认为它只会吞不会吐。事件视界望远镜对M87黑洞的测量有助于估计它的磁场强度，天文学家认为这与喷流的喷射原理

黑洞的喷流

有关。当喷流接近黑洞时,对喷流特性的测量将有助于确定喷流的来源:是在吸积盘的最里面,还是在吸积盘的最外面,或者来自黑洞本身。这些观测结果还可能揭示喷流是由黑洞本身的某种物质发射的,还是由吸积盘中快速流动的物质发射的。

在黑洞附近,广义相对论是否仍然成立?

对黑洞的精确测量远不止拍一张照片那么简单,它将有助于打破理论物理学中最令人头疼的难题之一——爱因斯坦的广义相对论和量子力学的相容性问题。在宏观世界,广义相对论可以利用万有引力很好地解释大质量物质的运行规律,比如黑洞;而在微观世界,量子力学帮助我们理解微观粒子的行为。两个理论都在自己的领域内很好地发挥作用,但是迄今为止,二者仍不相容。

爱因斯坦

黑洞提供了宇宙中最极端的引力，因此成为测试引力理论的最佳环境。这就像把广义相对论化为一个鸡蛋，将它扔向一堵由黑洞做的石头墙，看看两者谁更为坚硬。如果广义相对论成立，黑洞拍摄图像上将有类似特定环状的阴影；而如果爱因斯坦的引力理论失效，我们会发现一个不同形状的阴影，如果是这样，就会掀开物理学理论的新篇章。

然而，公布的黑洞照片显示，环状阴影与爱因斯坦广义相对论的预言非常吻合，这意味着爱因斯坦理论在极端情况下同样成立。

另一种检验广义相对论是否适用于黑洞周围的方法，是观察恒星如何在黑洞周围偏斜。根据广义相对论预测：当光线逃离黑洞附近的极端引力时，它的波长会变长，光线也会看起来更红，这种现象被称为引力红移。而这个被广义相对论所预测的引力红移现象，曾在人马座A*附近被证实。这又一次证明爱因斯坦的广义相对论是正确的。

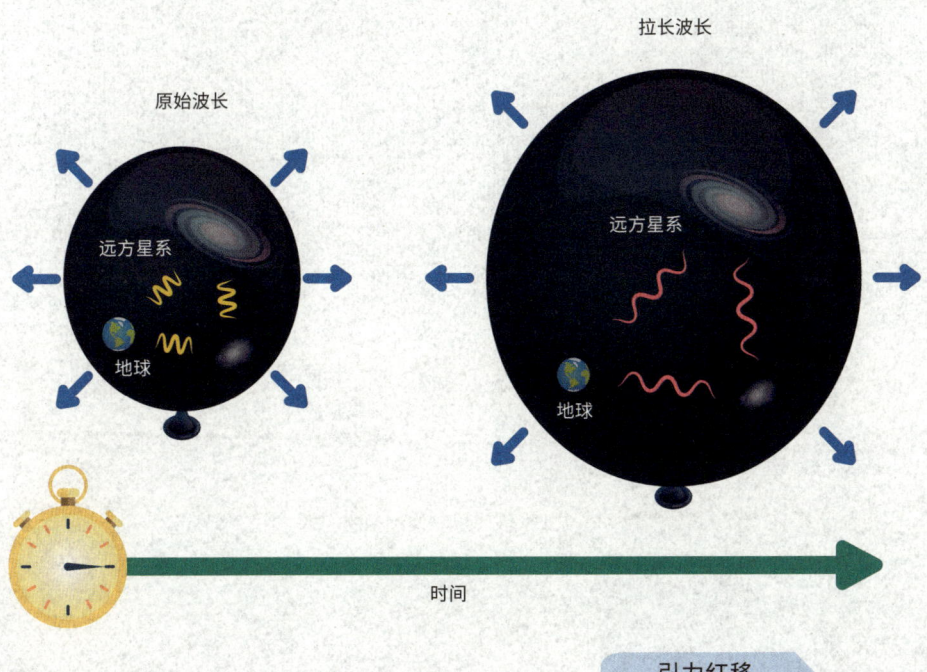

引力红移

2-3 宇宙中的暗能量有多大？

我们的宇宙究竟有多独特？

为什么宇宙中存在生命？星系、恒星、行星以及生命的存在似乎都取决于一些至关重要的基本物理常数。那么，宇宙的这些规律为什

浩瀚的宇宙

么恰好就是它们现在这个样子呢？这只是一个幸运的巧合吗？

多元宇宙理论

在过去的几十年中，有一个理论越来越受欢迎，即多元宇宙理论。根据这个理论，我们的宇宙只是无限多元宇宙中的一个。而在无限多元宇宙中，新的宇宙不断诞生。新兴宇宙的诞生似乎也遵从大量物理定律和基本常数，但其中只有一小部分适合生命存在。因此，我们有理由相信，会有一个宇宙拥有我们所需要的特定基本常数，从而让生命很好地生存。

平行宇宙

最近的一项科学发现表明，在平行宇宙中生命的存在可能比我们以前想象的更为普遍。虽然目前还没有物理证据证实平行宇宙的存在，但是有些解释宇宙形成的理论似乎说明平行宇宙的出现是不可避免的。

我们的宇宙始于大爆炸，随后是一段非常快速的扩张时期，这一时期被称为膨胀期。但是，根据现代物理学的理论，膨胀期不太可能是单一的事件。相反，许多不同的宇宙碎片可能会突然开始膨胀，体积会变得非常巨大，也就是说，每个气泡都以自己的方式变成一个新宇宙。

有人认为，有一天我们或许可以靠宇宙电波来观测与平行宇宙的碰撞印记，这是宇宙诞生后留下的辐射。然而，也有人认为多元宇宙

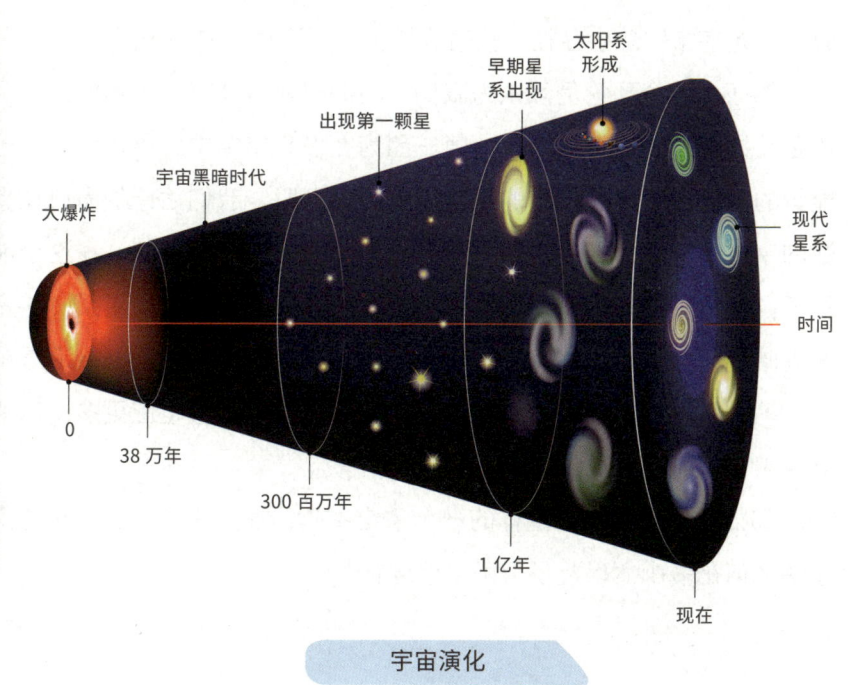

宇宙演化

理论只是一个数学谬误，而不是现实。

暗能量

宇宙中有个非常重要的存在，也是一种神秘又未知的力量，被称为暗能量。目前，暗能量占了我们宇宙的70%。它不会令宇宙膨胀的速度减缓，只会加速宇宙的膨胀。

目前很多理论认为，在多元宇宙中，暗能量应该特别丰富。多数宇宙中应该有着大量的暗能量，大约是我们宇宙的百万倍、十亿倍，甚至万亿倍。但如果暗能量太丰富，宇宙会在万有引力将物质聚集成星系、恒星、行星或生物之前就自我分裂。虽然我们所在的宇宙暗能量含量特别少，但可能正是因为暗能量少，这个宇宙才孕育出了生命。多元宇宙理论可以帮助我们解释暗能量为什么如此少，因为在无限的多元宇宙中总会存在一些暗能量少得不可思议的宇宙。

然而，这个理论仍然认为我们宇宙的暗能量要有一个阈值，这个值是允许智慧生命存在的最大值。因为在多元宇宙中，存在大量的暗能量的宇宙应该比低含量的更常见。与此同时，我们估计生命只在少数的宇宙中存在，在大多数宇宙群中，暗能量要低于阈值。在这个前提下，宇宙中的物质仍然可以聚集在一起从而形成恒星和星系，这意味着暗能量相对较高（接近最大值）的宇宙比暗能量较低（接近最小值）的宇宙更适合生命体存在，它们在宇宙中的数量也应更多，这就意味着它们的存在更合理。

那么我们是生活在这样的一个宇宙中吗？通过研究，人们正逐渐了解阈值是多少，以及是否可以接近它。

计算机模拟

计算机宇宙模型"老鹰计划"已经成功解释了我们在宇宙中观测到的星系的性质。模拟的理论基础是物理定律，程序会随着大爆炸产生的宇宙膨胀跟踪恒星和星系的形成。在这个模型中出现的星系看起来和那些通过望远镜在夜空中看到的星系非常相像。

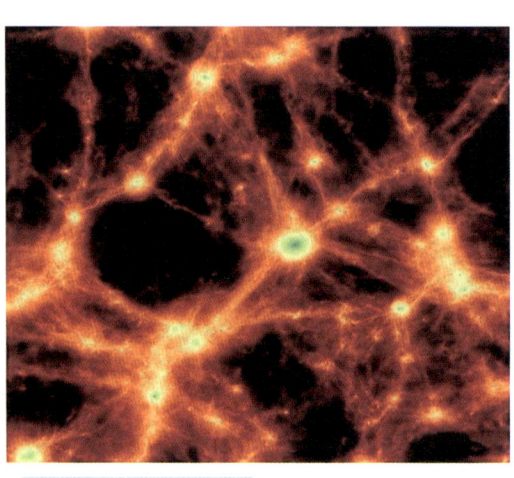

计算机模拟宇宙

这一成就可以用

于研究多元宇宙中的其他区域，比如，恒星和星系是如何形成的、它们的演变过程又如何，结果也很令人信服。程序创造了许多计算机生成的宇宙，除了具有不同含量的暗能量之外，其他没什么不同。起初，宇宙都以相似的速度扩张，但随着大爆炸遗留能量的消散，暗能量的作用逐渐突出。暗能量充沛的宇宙，扩张速度惊人。

然而令人惊讶的是，有些比我们的宇宙多10倍甚至100倍暗能量的新兴宇宙，所产生的星系和行星几乎与我们的宇宙一样多。这意味着我们宇宙的暗能量含量可能远未达到允许生命存在的最大值。万有引力的影响比我们以前想象的要强得多。

这些发现证实了无限多元宇宙可以解释在岩石地面上暗能量低的观点。有趣的是，史蒂芬·霍金在他之前发表的论文中指出，多元宇宙远不是无限的，它更有可能包含数量有限的十分相似的平行宇宙。

还有一个问题也让人感觉疑惑，之前观察到的暗能量含量对于多元宇宙来说，很难解释生命是怎样产生的。似乎需要一个新的物理定律，或者一种理解暗能量的新方法来解释我们的宇宙中种种令人费解的现象。但好消息是，我们离破解这一难题又近了一步。

2-4 宇宙的热点在哪里?

有什么会比太阳还要热吗?
在我们的宇宙中有很多地方都比太阳还要热。

有很多地方都比太阳还要热

想烧一壶滚烫的热水,只需要100℃。而太阳是一团巨大的球状

太阳

气体，其表面温度可以达到6000℃，中心温度可达到上百万摄氏度，温度高得惊人。

太阳之所以会如此灸热，是因为其中的气体在以一种特殊的方式燃烧，将部分气体转换成很多的能量。

太阳是一颗恒星，夜空中的恒星也有点儿像我们的太阳，有些恒星比我们的太阳还要大（而且质量也要大得多），核心温度甚至会比太阳还高，有的恒星内部温度高达上千万摄氏度。

恒星不会马上爆炸的唯一原因是重力。太阳就是如此，利用自己的重力在数十亿年内保持稳定，所以我们还是很幸运的。

对于比太阳质量还大的恒星而言，其中的气体燃烧速度会更快，而且可能会突然能量耗尽。由于重力，恒星内部会向星体中心坠落，但恒星的外部会首先向内坠落，然后反弹到外太空。这种壮观的景象被称作超新星爆发，而且可能产生上百万摄氏度的高温。

超新星遗迹

当一颗巨大的超新星出现时，残余的超高密度部分可能会形成科学家所谓的中子星或黑洞。这些体积虽然小质量却很大的物体会吸收周围的气体和灰尘，产生很高的热量——有些时候温度会高达几百万摄氏度。

两颗中子星会在形成一种被称作"千新星"的过程中合而为一，这也会产生很高的热量——温度达数百万摄氏度。

千新星

恒星很热，是好事

恒星能够以自己璀璨的光芒照亮夜空，是因为它们很热，而且恒星在发出光芒的同时也产生了很多的热量。恒星死亡、超新星出现，或千新星出现时，也会产生大量热量。

令人惊奇的是，高温也会产生新的原子——这种微粒早在很久以前就从恒星开始飘向我们。原子就像是一块块积木，你生活中的每一件东西，甚至是你自己的身体，都是由原子组成的。来自遥远星球的很多不同原子都"漂洋过海"至此，形成了地球、月球、太阳和你。

因此，恒星不只是产生热量，也贡献了你我身体中的原子，以及我们在地球上所见到的一切。正如天文学家卡尔·萨根所说："我们都是星尘。"

第 2 章

太空漫步

恒星死亡

2-4

宇宙的热点在哪里？

057

2-5 其他行星上的日落是什么颜色？

黄昏时分，夕阳将周围的天空染成火红色，日落时的景色美不胜收。若你走在海边，或许还会在日落的尽头看到天空中出现的一小片

日落

绿光。这片绿光是怎么回事呢？要想回答这个问题，我们就要先了解一下日落的色彩从何而来。

日落的色彩从何而来？

大气由非常微小的气体分子组成，其中主要是氮和氧。进入地球大气层的光与空气中的微粒相撞后，会向各个不同的方向发生散射。这些微粒对蓝光和紫光等短波光的散射更有效，而对波长较长的红光、橙光、黄光有较好的"通透性"。

在晴朗的白天，当太阳光经过大气层时，与大气层的分子发生瑞利散射。由于紫光、蓝光比红光、黄光的波长短，瑞利散射比较激烈，被散射后会布满整个天空，使天空呈现蔚蓝色；由于波长较长的红光、黄光能够穿透大气层直接到达地面，因而，此时的太阳及其附近的天空呈现白色（这些光混合后的颜色）。

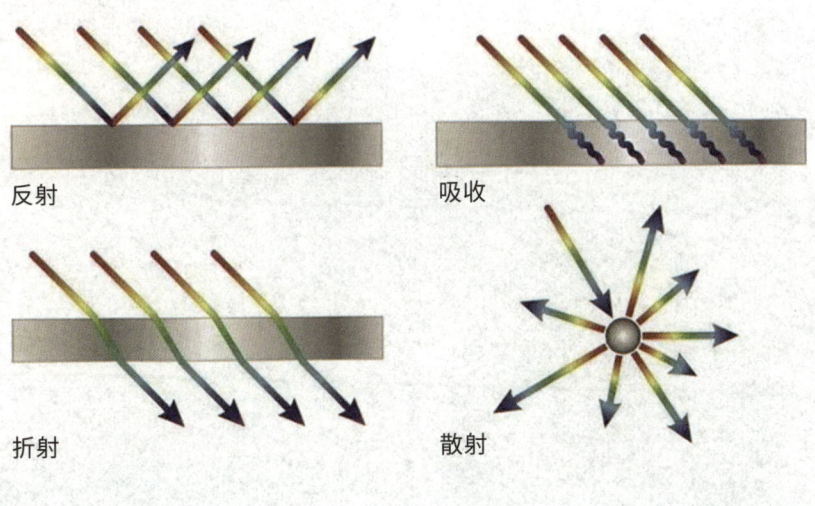

光的反射、吸收、折射、散射

在早晨或傍晚，太阳光与地面的角度较小，意味着太阳光需要穿过较厚的大气层才能进入我们的视野。在这个过程中，紫光、蓝光等短波光被反复散射，被眼睛看到的特别少；而红光、黄光等长波光因具有较好的"通透性"，可以直接穿透大气层，被眼睛看到。因此，在日出或日落时，太阳及附近的天空呈现红色或黄色。

至于波长相对较长的绿光，每次日落时都有可能会出现，但由于

从太空拍摄的日落

时间很短,只有几秒钟,因此很难被我们的眼睛发现。

其他行星上的日落

每颗行星上日落的颜色并不相同,日落的颜色是由每颗行星大气层中的粒子散射阳光的方式决定的。

其他行星上的日落是什么颜色?

火星探测器"勇气号"拍摄的火星日落

任何大气层以气体为主的行星都和地球类似,日落时,波长较长的光的颜色在天空中占主导地位。例如,在天王星上,大气中的氢、氦和甲烷气体粒子会散射波长较短的蓝光和绿光,同时吸收(但几乎不会再反射)波长较长的红光。白天时,天王星的天空会呈现出明亮的蓝色。与绿光相比,波长较短的蓝光更容易被气体粒子散射,因此在日落时,天空会变成蓝绿色。

如果行星的大气层由气体以外的物质主导,则以上理论不再适用。例如,在火星上,大气层主要由微米级的尘埃悬浮颗粒构成,而气体密度只占地球大气层的八十分之一。也就是说,天空中光的散射不再以气体分子为主导,而是由尘埃颗粒控制。

科学家对火星探测器"勇气号"的数据进行研究,发现火星尘埃散射光的方式与气体分子不同,日落时天空呈现蓝色的原因与尘埃粒子散射光的方式有关。地球上的气体分子会把光散射到各个不同的方向，但火星上的尘埃主要将光散射到同一个方向（即向前的方向）。

此外，尘埃粒子散射红光的角度比蓝光大得多。蓝光的散射范围不是很广，所以光线会变得更加集中。因此，火星上蓝光的强度大约是红光的6倍。

如果你有机会去火星上看日落，你会发现太阳是白色的，这是因为火星的大气层太稀薄，光线在穿过大气层时并不会改变颜色。太阳周围还有蓝色的光芒，再向远处望，天空开始泛红，你可以看到红光以更大的角度向外散射。

总之，日落的颜色由行星的大气层决定，至于其他行星和卫星上的日落是什么颜色，需要彻底了解它们的大气成分才能预测。如果这些天体有气态的大气层，日落时就有可能出现波长更长的光。

火星探测器记录了火星上日落时云层的运动

其他行星上的日落是什么颜色？

第 2 章

2-6 去火星旅游，不可错过的奇观异景

太空漫步

　　火星作为太阳系中最近似地球的星球之一，对人类有一种天然的吸引力，火星探测是21世纪人类深空探测的重点之一。在未来，当人类登陆火星的梦想成真时，火星将成为人类游客理想的观光星球，那么火星上有哪些引人入胜的奇观异景呢？下面我们一一介绍。

火星

奥林匹斯山

奥林匹斯山是火星表面最高的火山，也是太阳系已知的最大的火山。根据美国航天局的报道，奥林匹斯山是一座巨大的盾状火山，位于火星塔西斯地区，占地面积约30万平方千米，相当于美国亚利桑那州的面积。它的高度为27千米，是地球珠穆朗玛峰高度的3倍多。它虽然很高，但是坡度非常平缓，平均坡度只有5%，这意味着这座山对未来的游客来说是很容易攀登的。奥林匹斯山的火山口长约80千米，宽约60千米，火山口壁高达3.2千米，山体的边缘是8千米高的悬崖，火星的其他火山很少有这样的。

奥林匹斯山

三山一线

除了奥林匹斯山，塔西斯地区还有12座巨大的火山，分布在大约4000千米宽的区域内。同奥林匹斯山一样，这些火山往往比地球上的火山规模大很多。离奥林匹斯山不远处坐落着三座巨大的盾状火山：艾斯克雷尔斯山、帕弗尼斯山和阿尔西亚山。这三座火山沿直线一字排开，因此形成了"三山一线"的奇观。尽管这三座火山比不上奥林匹斯山，但是它们也都高于地球最高峰珠穆朗玛峰。

"水手号"峡谷

火星不仅拥有太阳系中已知最大的火山，还拥有太阳系中已知最大的峡谷——"水手号"峡谷。这一名称源于"水手号"宇宙探测

"水手号"峡谷

器，"水手号"宇宙探测器于1972年首先发现了这个峡谷。"水手号"峡谷长4000千米，宽200千米，深度达10千米，比地球上的美国大峡谷长10倍、深5倍，而且年代也更久远，是当之无愧的大峡谷之王。"水手号"峡谷的长度相当于火星直径的三分之二、火星赤道长度的五分之一。远远看去，水手号峡谷就像一颗子弹擦边划过火星，在火星表面留下的一道长长伤疤。

火星极冠

从美国行星际探测器拍摄的火星照片中可以清晰地看到，在呈暗橘色火星的上方和下方各有一个白色的帽状物，这就是极冠。火星极冠是由水冰及干冰组成的高原，水冰的厚度达数千米，因此，极冠是火星上水冰的重要储藏库。

火星极冠

火星北极和南极的冬季，由于温度非常低，使得大气中的二氧化碳凝结形成干冰。火星北极的夏季温度较高，干冰会升华成二氧化碳气体，从而在北极留下了一个"水冰帽"；南极的夏季温度依然很低，干冰依旧存在。前者称作季节性极冠，后者称作永久极冠。

盖尔陨石坑和夏普山

盖尔陨石坑因2012年"好奇号"火星车在此着陆而闻名，有大量的证据表明这里曾存在过水。

"好奇号"在着陆后几周内偶然发现了一个河床，并在沿着陨石坑底部的旅途中发现了更多关于水存在过的证据。"好奇号"的观察

"好奇号"火星车

证据表明，30亿年前，盖尔陨石坑可能曾多次变成湖泊又多次蒸发干涸。

一个更令人兴奋的消息是"好奇号"在该地区多次发现了复杂的有机物分子。研究结果表明，这些有机物是在35亿年前的岩石中发现的。探测器还发现了大气中的甲烷浓度随着季节的变化而变化。虽然甲烷是一种可以由微生物和地质现象产生的气体，但是这也不能直接表明生命就存在过。

夏普山也叫作伊奥利亚山，是盖尔陨石坑中心的一座山，高5.5千米，与月球上最高的山——惠更斯山相当。为了纪念早期探测火星任务的科学家、地质学家罗伯特·菲利普·夏普，美国航天局于2012年3月28日以他的名字命名这座山。

在诺克提斯迷宫和希腊平原区域，存在许多酷似月牙状的沙丘，科学家因其奇特的形状而把它们称为"幽灵沙丘"。研究认为，这些区域曾经拥有数十米高的沙丘，后来，沙丘被熔岩或水所淹没，最终，熔岩或水流以及携带的沉积物形成了沙丘坚固的底基及轮廓，而沙丘顶部暴露的部分在外力不断的侵蚀下变得越来越小。因此，"幽灵沙丘"也是火星上存在过液态水的

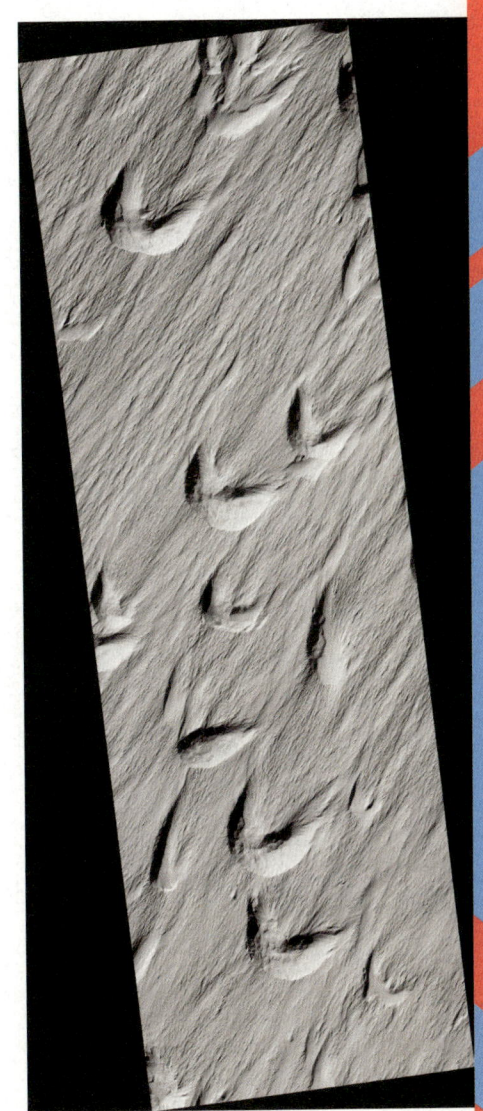

"幽灵沙丘"

2-6

去火星旅游，不可错过的奇观异景

重要证据之一。

根据"幽灵沙丘"的曲线——或者说"角度"——科学家可以确定它们形成时所盛行的风向和风力情况。这些古老的沙丘不但可以揭示风是如何在火星上流动的,而且也给气候学家提供了研究火星古老气候环境的线索。更令人兴奋的是,可能有微生物安逸地隐藏在这些沙丘的庇护区内,没有受到辐射和风的影响,正等待着被发现。

2-7 我们的宇宙正在慢慢老去

我们的宇宙经历过无数令人激动的时期，而最新的研究表明，宇宙早已过了巅峰期，它正在慢慢地老去。

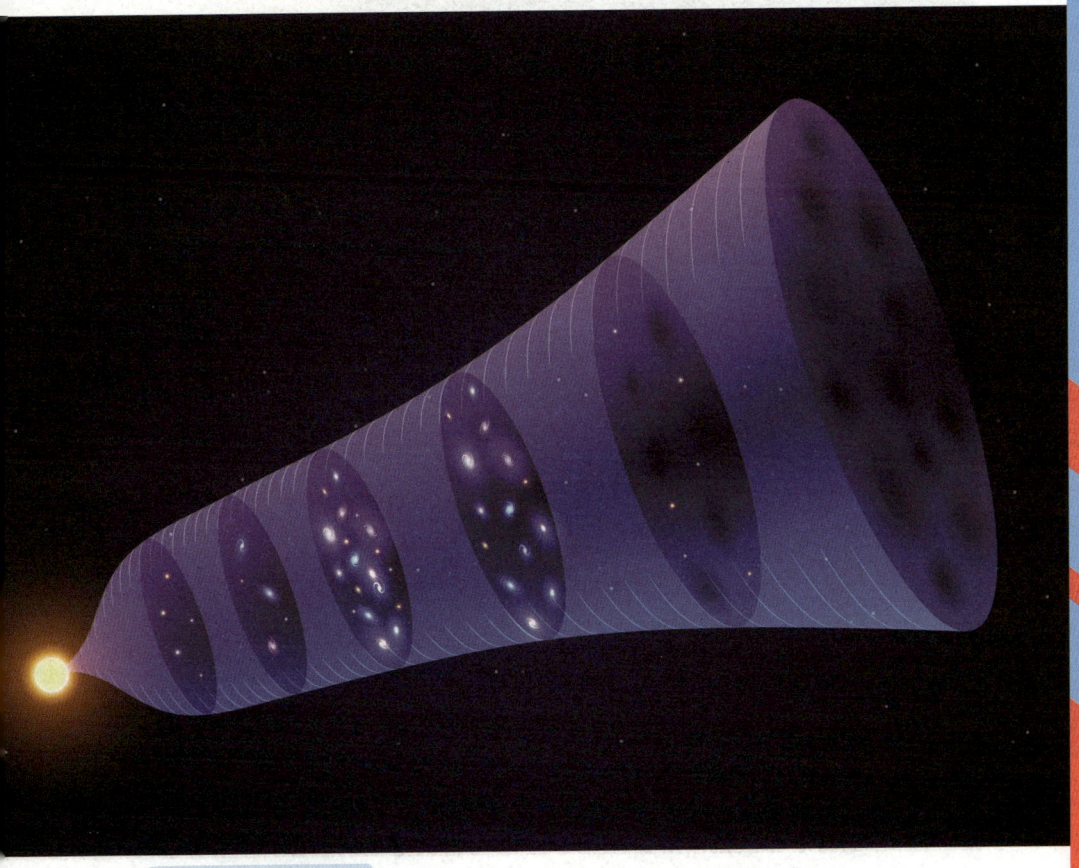

宇宙大爆炸

宇宙的开端

在宇宙的年龄不到1秒、温度超过10亿摄氏度的时候,温度高到奇异粒子可以自由地骤然产生和消失。在膨胀的过程中,宇宙也逐渐

恒星的辐射

冷却下来，不再产生大量的高能粒子。

几秒钟之后，宇宙成为质子和中子的海洋。几分钟之后，宇宙就像是充满氢和氦的浓雾。宇宙中更为复杂的星球差不多是在宇宙诞生40万年之后产生的。

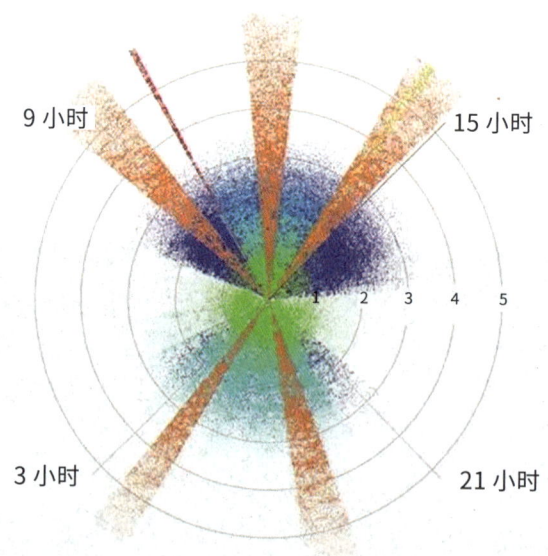

以地球为中心，局部宇宙主要的 3D 红移测量的俯瞰图。我们在这里看到的是宇宙最近的 50 亿年，这需要用最大型的望远镜观测数千个夜晚才能构建出来。

紧接着，宇宙从"浓稠"变得"稀疏"，光子第一次可以在宇宙中自由穿梭。这对宇宙学来说是非常令人激动的时刻，对氢和氦来说也至关重要：它们可以紧紧地结合成电子，并创造出中性原子。

生命的早期基石

在造就人类的路上，宇宙又迈出了一步：人类需要中性氢原子以便构成氢分子，需要氢分子来有效地冷却快速崩塌的气体团以便形成最初的恒星，还需要恒星来形成例如碳和氧一样的重元素——它们都是生命的基石。

在这个阶段，宇宙的年龄是几亿岁。此时当最初的恒星向周围物质发出辐射的时候，宇宙会把自己重新加热。恒星会发生爆炸，将大量的重原子抛射到空间中去，这就产生了许多人类今日所见的更重的元素。这些恒星中有的也许会崩塌成黑洞，播下今天宇宙中存在的最大质量星系的种子。

在早期阶段，最初的恒星形成，此后类似现代星系的最初结构以一种非常凌乱和剧烈的形式存在。在接下来的数十亿年里，星系在一起猛烈碰撞并形成了质量更大的系统，在这个过程中，恒星形成的过程也快速地启动和关闭。

这个活动持续到宇宙大约30亿岁的时候，也就是我们所知道的宇宙恒星形成的高峰期。所以说宇宙其实在很早的时候就已经获得了令人激动的组成成分。

从那时起宇宙在做什么呢？事实上，我们很确定它在慢慢地死去。宇宙偶尔仍会产生新的恒星，但是年老恒星衰亡的速度要超过明亮的年轻恒星产生的速度。

没入黑暗

更糟糕的是，大约在30亿年前，一种被称作"暗能量"的神秘物质开始在宇宙的能量组成中占据主导地位，这使得万物开始加速分离（澳大利亚学者布莱恩·施密特因发现了宇宙加速膨胀的证据获得了2011年诺贝尔物理学奖）。从这个时期开始，宇宙已经开始冷却，因此在那时，成为主角的暗能量加剧了这个过程。

长久以来，人类一直在寻找宇宙演化的证据。星系演化的可靠模型已经表明宇宙正在衰落。然而，人类仍不懈努力，期待在数十亿年的尺度上直接观察到这种效应。

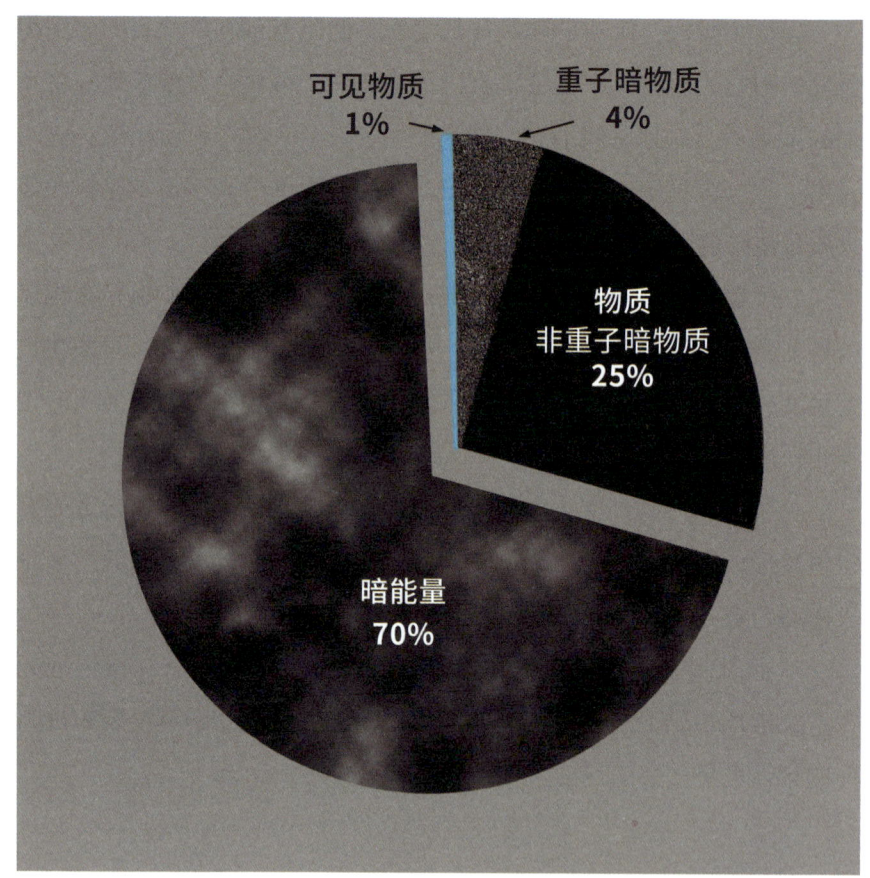

宇宙物质含量构成图

宇宙的终结？

令人高兴的是，就目前来看，恒星的生命仍然会持续数十亿年（包括太阳），较小恒星的生命力会更持久，比宇宙目前的年龄还要久。

从长远看，暗能量的决定性作用到底意味着什么还存在很多谜团。一些更加奇异的理论推测暗能量会在"大撕裂"（Big Rip）中将万物撕得粉碎。

也许事实不会如此耸人听闻，但是根据科学界目前的研究来看，更有可能的理论是，宇宙会持续地冷却下去，非重力约束结构会不断地彼此远离。在数万亿年之后，我们只能看见自己的星系，因为其他星系已经距离我们太过遥远。在数百万亿年之后，宇宙中的任何角落都不会再诞生新的恒星。

接下来我们的星系会将已有的绝大部分恒星喷射到宇宙巨洞中，剩下的部分会崩塌进中心黑洞里。所有物质最终都会衰减，黑洞会蒸发，剩下的会是非常孤独和空旷的空间。

到那时，宇宙已经停止将物质转换成光，会渐渐地进入完全黑暗的状态。剩下的光子、电子、正电子和中微子会偶尔相遇，但很快它们就会继续自己孤独的旅程，宇宙便结束了。

我们目前经历的状态可以被认为是宇宙缓慢死亡的阵痛期。但更乐观地说，也是宇宙的回暖期。

第 3 章
地球脉动

3-1 地震可以准确预报吗?

人类记载地震现象已经好几千年了,但直至20世纪初才对地震有了比较深入的了解。科学家组建了全球地震台网,经过多年研究终于发现,全球地震带主要分布在三大区域,即环太平洋地区、地中海—喜马拉雅山以及大洋中脊。也就是说,地震大多发生在地球相邻板块的交界处。此外还有一些其他类型的地震,如火山地震、核试验地震等,但它们通常属于弱震。

地球每年发生约500万次地震,其中绝大多数都在3级以下,人们感觉不到。另外,即使有的地震震级较大,但在离地震中心较远的地

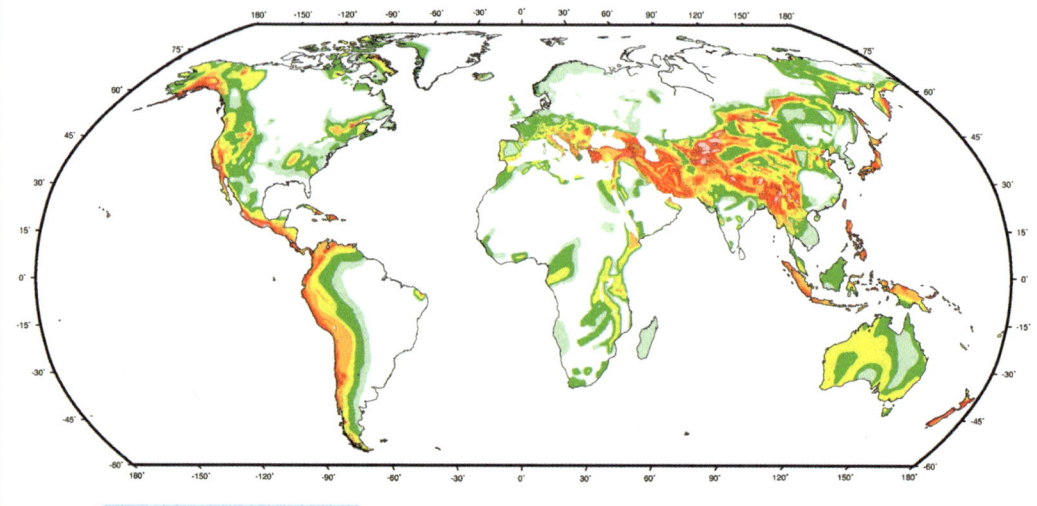

全球地震带

地动仪

方,地面震动并不强烈,也就不会有明显的震感。因此,研究地震必须借助灵敏度很高的地震仪。比如,一本书掉到地上,地震仪也会记下一个明显的地震波信号,而一座大楼突然倒塌,造成的震级大约是2级。

1976年的唐山大地震是7.8级,相当于几千颗原子弹爆炸释放的能量。可见单纯从能量的角度考虑,人类活动是很难诱发大地震的。

唐山抗震纪念馆

地震可以准确预报吗?

但是在某些情况下，这种可能性依然存在。例如，水库蓄水改变了对库底岩石的压力，有可能引起库区或邻区地震活动增加。不过，全世界建成的1万多座水库中，曾诱发地震的还不到1%。

地震是地下能量快速释放的过程。地震后，地下的岩石又会重新调整，重新积蓄能量。这些过程异常复杂，因此地震的发生既不是毫无规律却又相当随机，要准确预报非常困难，各国科学家还在不断探索和研究规律。

面对突发地震，我们该怎么做呢？地震并不可怕，可怕的是无知、无序和毫无准备，牢记以下几点，给未来惊慌失措的你提前服下一粒定心丸。

1. 躲。 住在楼房较高层的人，应选择厨房、卫生间等小的空间避震；也可躲在内墙根、墙角、坚固的家具旁等易于形成三角空间的地方临时避震；要远离外墙、门窗和阳台；不要使用电梯。正在教室上课、公共场所活动时，应迅速抱头、闭眼，在讲台、课桌下等地方躲避。

住在平房和楼房低层的人，应迅速头顶保护物跑到室外空旷场地蹲下，尽量避开高大建筑物、立交桥，远离高压电线及化学、煤气等工厂或设施；正在野外活动时，应尽量避开山脚、陡崖，以防滚石和滑坡；如遇山崩，要朝远离滚石前进方向的两侧跑；正在海边游玩时，应迅速远离大海，以防地震引起海啸。

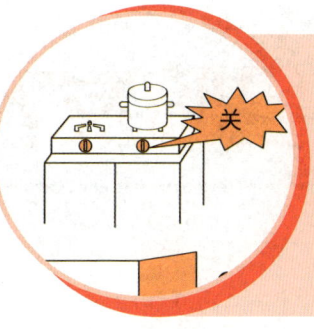

2. 断。 尽快关闭电源、火源和气源，避免引起次生灾害和更大的损失。

3. 护。 身体遭到地震伤害时，应设法清除压在身上的物体，尽可能用湿毛巾等捂住口鼻防尘、防烟；身体被埋在废墟里时，用石块或铁器等敲击物体与外界联系，不要大声呼救，注意保存体力；设法用砖、石等物支撑上方不稳的重物，保护自己的生存空间。

4. 备。 在地震较多的城市，家庭应常备地震应急包（手电和电池、救生哨、灭火毯、逃生绳、干粮、矿泉水等），在遭遇地震时为逃生和生存做好充分准备。

地震可以准确预报吗？

3-2 火山为什么会喷发?

火山喷发是一种正常的自然现象，与地震相比，它的危害性更大。在早期，没有相应的科学知识来合理解释火山喷发的原因，人们大多会以为火山的喷发是对人类的惩罚，比如生活在火山附近的居民因罪孽而引起了火山的"心烦意乱"。因此，人们对于火山喷发抱有无限的恐惧与敬畏。

火山是一种将地下熔岩从地壳压迫上升至地表的通道，这些通道大多呈锥状、盾状或破火山口状，"岩浆房"位于火山下方，是一个独立、巨大的储库。

火山

3-2

火山为什么会喷发？

火山喷发

现代科学这样解释火山喷发的原因：火山活动是由发生在岩浆房下方、上方以及内部不同程度的推移所引发的，火山内部不断增强的岩浆活动是造成喷发的原因。

岩浆房下方的变化过程

火山位于俯冲带，在这里，地球的运动使板块相互碰撞，导致其中一个板块下沉至另一板块之下，新的熔岩会在这种强大注射力的推动下进入岩浆房。

在岩浆房的下方，来自地心的热量使得部分原有岩石被熔化，并融入新生成的岩浆。当岩浆房内注入的新岩浆达到一个确定的体积，且无法容纳更多时，多余的岩浆便会通过喷发的形式排出。

085

这个过程会呈现出周期性变化，因此，对于由此过程所引起的喷发是能够被预测的。例如，坐落在欧亚板块与印度—澳大利亚板块交界处的潘帕达扬火山，它的喷发周期为20年，上次喷发时间要追溯到2002年，下一次的喷发或许会发生在2022年。

火山喷发的周期取决于岩石的熔化速度，而岩石的熔化速度又受到板块下沉速度的影响。地球上存在一些俯冲带，并且俯冲板块通常以10厘米/年的速度恒速运动。就潘帕达扬火山而言，位于欧亚板块之下的印度—澳大利亚板块以7厘米/年的速度从欧亚板块下方下潜。

岩浆房内部的变化过程

岩浆房内部的活动同样可以引起火山喷发。在岩浆房内部，由于

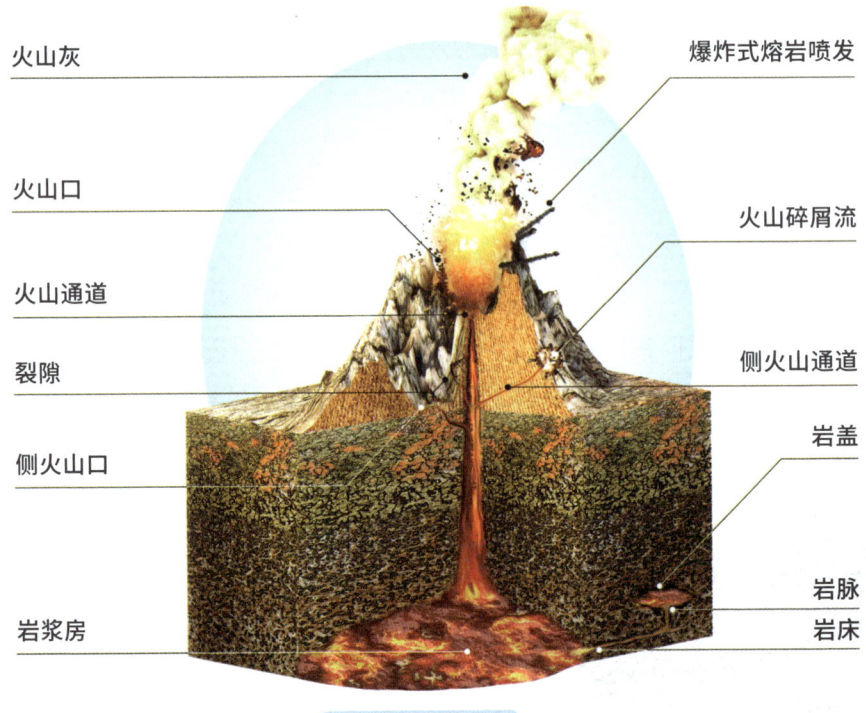

火山构造

半流体熔岩

火山为什么会喷发？

温度的降低，岩浆呈现结晶化。相对于半流体熔岩，结晶化的岩浆更加沉重，会下沉至岩浆房底部。

这一现象推动了剩余岩浆的上升，使得岩浆房房盖受到更大的压力。当房盖难以承受来自下方的压力时，便发生了火山喷发，这个过程同样呈周期性且能够被预测。

另一个发生在岩浆房内的重要过程是岩浆混合物与围岩相混合，这一过程被称为同化/吸收。火山上存在一些通道可以使得岩浆溢出其表面，如果这些通道不存在，岩浆便会被其自身挤压至一处压力相对较小的区域，而这种现象可能会导致岩浆房房壁周边的岩体倒塌。

想象一下，当一块砖头掉入装满水的桶中，水花将会从水桶中飞溅出来。塌陷的岩浆房房壁致使岩浆四溅，引起喷发，而这种类型的喷发是难以预测的。

岩浆房上方的变化过程

火山喷发也可以由岩浆房上方的压力损耗所导致，这种情况可能由多种事件导致，例如，岩石上方的密度减小或火山顶部的冰雪融

剧烈喷发的火山

化。当台风通过处在临界条件下的火山时,也可以使火山喷发的能量加剧。

由于矿物质构成的变化,覆盖在岩浆房上的岩石可以被逐渐软化。随着覆岩密度在一定程度上的减小,它将难以承受来自岩浆的压力。有时,火山表面存在裂缝,水可以通过这些裂缝渗入火山内部,并与岩浆相互作用,使岩石发生水热变化,最终导致火山喷发。

全球气候变暖导致火山山顶的积雪不断融化,此时岩浆房上方的压力就会减小。为了达到全新的平衡,岩浆会不断上升,导致火山喷发。一项研究显示,位于冰岛的艾雅法拉火山于2010年发生的喷发,可能就是上述原因导致的。据估计,冰岛每年融化的积雪已达到110亿吨,甚至更多。

1991年,第5号台风掠过位于菲律宾的皮纳图博火山及其周边地区,台风的高速运行造成火山周边地区的

皮纳图博火山

压力明显减弱，火山上方的空气柱涌入了台风的运行路径，导致已经开始隆隆作响的皮纳图博火山喷发。

鉴于岩浆在火山喷发过程中扮演的重要角色，对于岩浆的研究不仅可以预测自然事件，还可以让我们充分利用其规律造福人类。

3-3 地球为什么发烧了?

每到夏天,热浪席卷中国大部分城市。近年来,我国大部分地区夏季的平均气温都比往年同期偏高,部分地区甚至偏高2℃~4℃。

世界其他地区也是如此。世界气象组织称:西欧及中欧的部分国家和地区的日均气温比以往正常水平高出了10℃之多。地球上最北端的人类居住地努纳武特的气温达到创纪录的21.0℃。

努纳武特

从全球变暖到气候变化

自1906年以来,全球平均气温上升了0.9℃,敏感的极地地区更是如此。此外值得注意的是,有记录以来最热的10年,有9年发生在2000年以后。很显然,地球整体在日趋变暖。

大多数人认为全球变暖和气候变化是同义词,但科学家们更喜欢用气候变化来描述地球天气和气候系统的复杂变化。气候变化不仅包括平均气温上升,还包括极端天气事件、野生动物数量和栖息地的变化、海平面上升以及一系列其他影响。

全球变暖

气候变化带来的影响

冰川

伴随着气候变化,一系列的问题也接踵而至。美国航天局的数据显示,格陵兰岛和南极的冰盖在迅速减少。在1993~2016年,格陵兰岛平均每年损失2860亿吨冰,而同一时期的南极洲每年损失约1270亿吨冰。在过去的几十年里,南极洲冰层的融化速度增加了2倍。

不仅如此,世界各地的冰川几乎都在退化,包括阿尔卑斯山、喜马拉雅山、安第斯山脉、落基山脉等,融化的冰川直接导致海平面的上升。数据显示,全球海平面每年上升3.2毫米,而且近年来上升

喜马拉雅冰川

速度有加剧趋势。预计到21世纪末，全球海平面将上升26—82厘米或更高。

降水

除冰川消退外，全球平均的降水量（降雨和降雪）也有了显著增加。尽管如此，一些地区却在经历更严重的干旱，继而又导致野火、农作物歉收和饮用水短缺等现象发生的风险大大提高。

物种

冰川的大量减少给南极的阿德利企鹅、北极的北极熊等物种带来了生存危机。许多物种也因此不得不进行迁徙，比如北半球的蝴蝶、

企鹅

北极熊

狐狸等已经开始向更北的地方或纬度更高、更冷的地方迁移了。

最令人不安的是，那些令人讨厌的物种——蚊子、蜱虫、水母和农作物害虫似乎得到了空前的发展机会。最为典型的例子是，以云杉和松树为食的树皮甲虫的数量在近些年剧增，并且已经摧毁了数百万亩森林。

温室效应

科学家们将20世纪中叶以来观察到的全球变暖趋势归因于温室效应：当太阳的能量到达地球大气层时，一部分被反射回太空，其余的保存于大气层内，被其中的温室气体吸收和重新辐射。

温室效应加剧主要是由于现代工业社会燃烧过多煤炭、石油和天然气等化石燃料，释放出大量的温室气体，包括二氧化碳、甲烷、一氧化二氮等，大气中的水蒸气也是一种重要的温室气体。额外排放的温室气体就好像给地球裹上了"棉被"，打破了地球大气层内的热量平衡，使得大气层留存了更多的原本从地表反射回宇宙空间的热量。

碳排放

二氧化碳（CO_2）

二氧化碳是大气的一个微小但非常重要的组成部分，现在的人类活动，如森林砍伐、农业生产和燃烧化石燃料，对大气中的二氧化碳浓度有重要影响。自工业革命以来，人类使大气中的二氧化碳浓度增加了三分之一以上。这是气候变化最重要的长期"驱动力"。

甲烷（CH_4）

甲烷是一种碳氢化合物气体，通过自然释放和人类活动产生，包括垃圾填埋、农业以及与家畜有关的反刍动物的粪便分解。从化学角度来看，甲烷是一种比二氧化碳活跃得多的温室气体，但在大气中含量要少得多。

甲烷

一氧化二氮（N_2O）

一氧化二氮是一种强大的温室气体，人类使用有机肥、燃烧化石燃料、生产硝酸等都会产生一氧化二氮。

水蒸气（H_2O）

水蒸气可以吸收太阳光，并将热量重新散发到地球大气中。有研究数据显示，在2000~2010年，地球大气平流层水蒸气的浓度下降使全球变暖的速度有所放缓。这表明，平流层水蒸气浓度对全球气候有重要影响。此外，水蒸气还有个最大的作用：对气候的反馈机制。水蒸气随着地球大气变暖而增加，产生云层和降水的可能性也在增加。

　　人类当前面临的问题是，人类活动特别是燃烧化石燃料（煤、石油和天然气）、农业和土地开垦，正在增加温室气体的浓度。全球关于全球变暖和气候变化的协商和角力，包括《巴黎协定》《哥本哈根协议》等，都是基于温室气体的排放而制定的。

第3章

3-4
光污染会让星空消失吗？

地球脉动

灯火通明的城市夜景

光污染指人类过度使用光照明而产生的环境问题。它来自家居照明、霓虹广告、街灯、景观照明、大幅面玻璃幕墙的反光，以及露天运动场和交通枢纽的强光照明……使城市的黑夜亮如白昼。

光污染的后果远非让澄澈的星空彻底消失这么简单。光污染会破坏生态平衡，影响动植物的生活规律，使它们昼夜不分，活动能力、辨向能力、竞争能力、交流能力皆受到影响。研究发现，过度照明会有助于藻类繁殖，杀死湖里的浮游生物并污染水质。光污染会影响飞蛾及其他夜行昆虫的辨向能力，使得那些依靠夜行昆虫来传播花粉的植物因得不到协助而难以繁衍，久而久之导致某些植物种类的消失，破坏生态链。最典型的是刚孵化出的海龟在由巢穴步向海滩时，会受到光害的影响而迷失方向，因找不到合适的生存环境而死亡。雏鸟也会在由巢穴飞至大海时因光污染而迷失方向。当然，光污染还会严重扰乱人类的生物钟节律，并抑制诱导睡眠的褪黑激素的分泌，使不少人长期失眠。因此，不少有识之士发起了"关注致命光线"计划，倡导"全球黑暗天空运动"，呼吁市政部门在候鸟迁徙期间，尽量关掉不必要的灯光以减少候鸟的死亡率等。

其实，在人类面临的各种污染中，光污染的治理相对容易起效，只要引起人们足够的重视，拟定相关法规，譬如减少户外灯光照明量、少建大玻璃幕墙等，光污染情况还是能得到改观的。

3-5 地球怎么保护自己呢?

第3章 地球脉动

电影《流浪地球》剧照

相信很多人都看过国产科幻影片《流浪地球》。影片主要讲述了在未来的某一天,由于太阳内核的急速老化,导致其持续膨胀,地球将被吞没,人类唯一的生路就是逃离太阳系,于是开启"流浪地球"计划。

作为太阳系唯一的恒星,太阳对地球上的生命来说至关重要。那么，除了太阳的老化，它的其他活动是否也会摧毁地球呢？

地球磁盾

太阳风暴释放的磁能会使太阳表面的高温气体加速运动，然后射向地球。当然，在地球周围的空间也存在巨大的磁场，它确保大气层不会被太阳风暴所剥离，像"盾牌"一样保护地球免受太阳风暴的影响，地球的这一"隐形护盾"被称为地球磁盾。地球磁盾就像是地球的一个"隐形防护罩"，保护地球免受太阳风暴以及天空中大部分辐射的伤害。

物理学上认为，地球磁盾是地球磁场与太阳风（太阳超声速带电粒子流的剧烈爆发活动）的相互作用形成的一个围绕行星的磁屏蔽区域，其他的行星（如水星、木星和土星）也有类似的磁屏蔽区域。

太阳风暴

地球磁盾被轰击得嗡嗡作响

地球磁盾在受到太阳风暴的强烈冲击时会像鼓一样隆起，发出嗡嗡的声音，当然这个声音我们可能没有办法听到，但可以转换成科学家们能够听到的信号。

当冲击波到达磁层顶区域（地球磁盾的外边界）时，磁极所产生的波动就会被反射回来，像一道"涟漪"。原始波和反射波的相互干涉会导致驻波（振幅相同、传输方向相反的两种波）的形成，而当原始波和反射波频率相同时，地球磁盾就会像鼓一样产生"共振"现象。

40多年前，物理学家曾提出这样一个理论，即太空发生爆炸产生的冲击波也会像鼓一样使磁层顶震荡。由于缺乏相关证据，当时有人猜测这种现象可能根本不会发生。

离子流冲击波（黄色）在磁层顶（蓝色）和地球磁场（绿色）之间产生驻波的示意图

地球磁盾会不断受到冲击波形成的湍流冲击，因此磁层顶震荡可能需要一次大的冲击才能获得明显的振动。研究人员利用美国航天局的五颗西弥斯（Themis）卫星进行观测，并转换成科学家们能够听到的信号，在捕获振动的同时，还要排除其他因素导致的鼓状振动。最终，研究人员证实了磁层顶震荡现象与理论是一致的。

磁层顶在移动

磁层顶是地球磁场与太阳风作用形成的磁层（地球磁盾）的边界

太阳风暴和地球磁盾

层，磁层顶的移动对于控制地球环境中的能量流动具有重要意义，但同时磁层顶的运动又会被太阳风所牵制，其他带电粒子（一种吹离太阳的等离子体形式）也会对磁层顶的运动造成影响。这些物质在和磁层顶发生相互作用的时候，甚至可能破坏地球上全球定位系统和电网等设备。

地球磁盾的冲击波一般来源于太阳风，这是等离子形式的带电粒子不断地吹离太阳或者是太阳风与地球磁场相互作用的结果。然而，由于地球磁极的不断移动，导致磁层顶也一直在移动，地球磁盾的防护能力正在减弱。这意味着，地球越来越容易受到太阳风暴的破坏性影响。专家们警告，人类还没有准备好应对灾难性的太阳风暴，其造成的影响将非常可怕。

也许在太阳老化之前，由于太阳自身的活动导致的超级太阳风暴会对地球造成重大灾难。这种危机可能会毁掉地球上的电网、通信、互联网以及防御卫星系统，导致世界经济体系和全球基础设施的瘫痪。

科学家们正在呼吁在地球上方建造巨大的磁盾，使带电粒子发生偏转，不会到达地球，这样地球就可以免受太阳风暴的威胁。

3-6 如果地核变冷，世界将会怎样？

到了冬天，气象部门经常发布寒潮蓝色预警，令人不禁感叹，莫不是把地球也给冻着了吧？

"脑洞"大开的问题当然要有科学的解答，接下来就是见证真相的时刻了。

寒潮来袭

地核

随着时间的推移，地核确实会逐渐冷却下来。总有一天，当地

第3章 地球脉动

核完全冷却而变成固体时,将对整个地球产生巨大的影响。科学家认为,到时,地球可能会有点儿像火星,大气层变得非常稀薄,也没有火山和地震。那样的话,生命将很难生存下去,但在近几十亿年里还是不会发生这种事的。

目前,地核还没有完全熔化。它的内核是一个实心铁球,而外核是由几千千米厚的铁水构成的。

科学家之所以知道这一点,是因为地震所产生的冲击波可以在地球的另一边被记录下来,但如果内核也熔化了,我们就不会有地震,也感受不到这些冲击波了。

大约45亿年前,地球刚形成时,整个地核都是炽热的。但也是从那时起,地球就在逐渐冷却,热量会流失到太空中,继而形成了固态的内核,而地球的体积也一直在变大。

但是这个过程其实是非常缓慢的,内核每年大约只增长1毫米,因为在热内核和冷表面之间有一层岩石地幔,这有效阻止了它过快地冷却,就像你的外套在冬天会为你保暖一样。

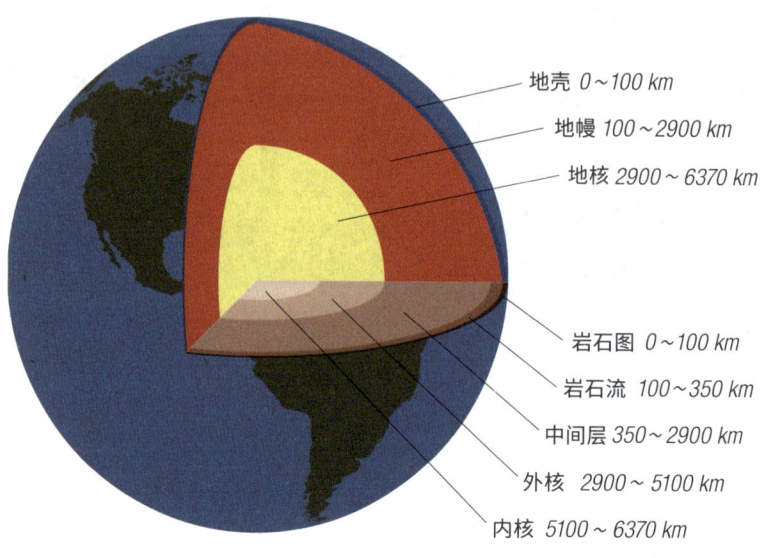

地球的内部构成

地球磁场

热量被输送到地幔会逐渐冷却。按照"发电机理论"假说，外核中的导电流体会相对于地幔高速流动，继而形成磁场。它就像一块在远处起作用的磁铁，虽然我们用肉眼看不到，但它确实发挥着重要作用。地球磁场保护着地球表面的生命免受来自太阳的有害粒子的伤害，它还能维持大气层的稳定，帮助动物识别方向等。

从地核溢出的热量会引发物质在地球不同层之间的移动，从岩石地幔到我们生活的地球表面，而使得表面的板块相互摩擦，从而产生地震和火山。这就是为什么生活在两个板块交汇的地方会非常危险，

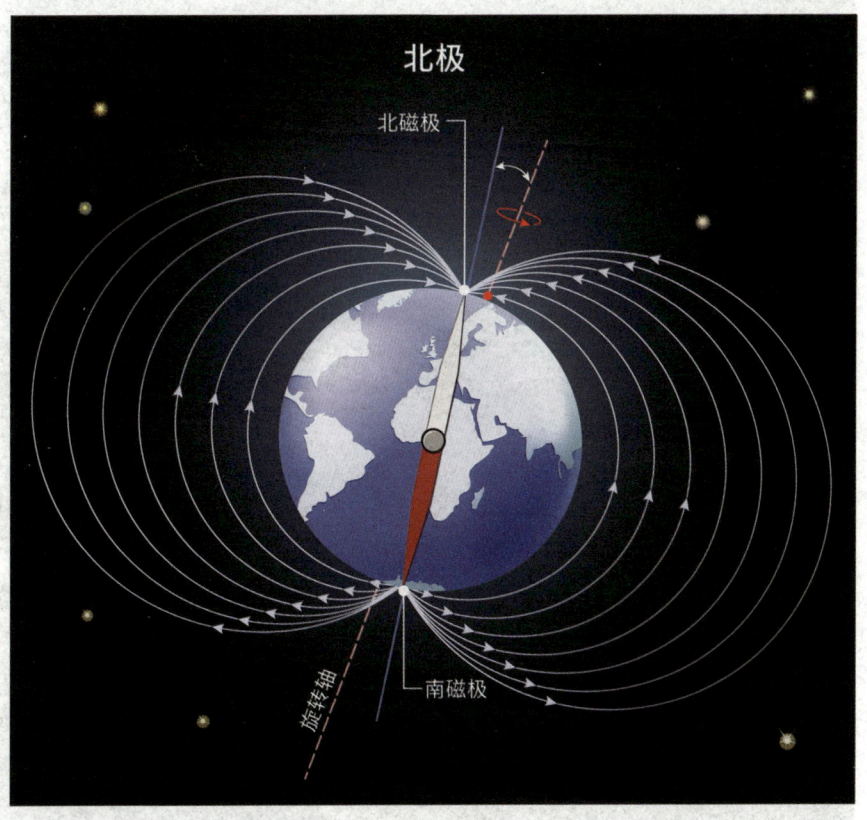

地球磁场的运行轨迹

如果地核变冷，世界将会怎样？

第3章

比如尼泊尔和日本。

在遥远的未来，当炽热的外核冷却而变成固体时，地球磁场将会消失。这意味着，指南针将不再指向北方，鸟类迁徙时将不知道飞向何方，大气层也将消失，对人类和其他生命形式而言，地球上的生活将变得非常困难。

而当地球完全冷却后，地幔中的运动也将终止。那时，地表的板块将不再移动，地震和火山爆发也会减少。

你或许会认为这对于人类是件好事，尤其是对于那些生活在板块

活动频繁地区的人，但火山爆发其实会为农业生产提供肥沃的土壤。

其实地球有点儿像火星。在火星表面，科学家发现了与火山和板块移动有关的特征，但它们不再移动了，也没有磁场，只剩下了稀薄的大气层。我们不知道火星的核心是否依然炽热，但有一个名叫InSight的机器人已经成功登陆火星，将帮助我们找到答案。

现在，你还不用担心地核会失去热量而变成固体，因为还有地幔包裹着它，保护着它，给予着它温暖。

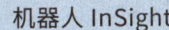

机器人 InSight

3-7 能够毁灭地球生命的六大宇宙灾难

细数危及人类生存的巨大威胁，我们可能会想到核战争、全球变暖或大规模流行疾病。但若可以避免上述灾难，人类文明就真的安全了吗？

生活在地球这颗蔚蓝的小星球上看似非常安全，但是我们没有意识到潜伏在太空中的危险。

六个威胁甚至可能毁灭地球生命的宇宙灾难

1.超能量太阳耀斑

太阳并不是一只温驯的小绵羊，它能够产生强烈的磁场，并引发太阳黑子。当太阳极度狂躁时，它所产生的太阳黑子是地球体积的数倍。太阳还会喷射粒子和辐射流，也就是我们常说的太阳风。被地球磁场俘获的太阳风造就了美丽的北极光和南极光，但当太阳风更强烈时，会影响无线电通信或引发供电故障。

耀斑

有史以来，有记录的最强大的太阳风暴袭击地球事件发生在1859年。这次事件被称为卡林顿事件，对小型电子设备造成了巨大的干扰。

直到近年来，我们才变得完全依赖电子设备。事实是，如果我们低估了类似卡林顿事件的危害，我们必将付出惨痛代价。尽管太阳风暴不会瞬间消灭人类，但会给人类带来巨大灾难。届时，世界将没有电力、全球定位系统（GPS）或互联网，食品和药品也会变质。

2.小行星撞击地球

我们深知小行星对人类文明的巨大威胁,毕竟6500万年前撞击地球的那颗小行星导致了地球上所有恐龙的灭绝。最近的研究使我们意识到,太阳系中存在大量会对人类造成威胁的太空岩石。

人类已经着手开发能够保护我们免受小行星袭击的防御系统,但面对稍大的小行星,我们只能祈祷。虽然小行星并不一定能毁灭地球,但它们可能造成巨大海啸、火灾或其他自然灾害。

小行星撞击地球

3.不断膨胀的太阳

发生前面提及的两种宇宙灾难,存在一定的概率,但可以肯定的

白矮星

是太阳将在77.2亿年后"死去"。那时太阳会抛掉外层大气,形成一个行星状星云,最终变成"白矮星"。

但人类不会看到太阳的最后阶段。当太阳步入暮年,它会变得又冷又大,最终膨胀得足以吞没水星和金星。此时地球似乎还很安全,但太阳会产生非常强大的太阳风,造成地球转速变缓。在大约75.9亿年后,地球将被卷入剧烈膨胀的太阳外层,并将永远熔化。

4.局部伽马射线暴

双星系统和超新星可能产生伽马射线暴。这些伽马射线暴的能量非常强大,因为它们将能量聚焦在持续时间不超过几秒或几分钟的窄光束中。由此产生的辐射可能会破坏地球臭氧层,使地球生命受到太

第3章 地球脉动

双星系统

阳紫外线的影响。天文学家发现，有一颗距离地球约8000光年、取名为WR104的巨大恒星，在50万年内随时有可能发生爆炸，并产生伽马射线暴到达地球。

5. 邻近的超新星

当一颗恒星走到生命尽头时会发生超新星爆炸，在银河系中平均每100年会发生1~2次超新星爆炸。超新星爆炸更有可能出现在银河系密集中心，值得庆幸的是太阳系位于距离银河系中心大约三分之二银河系半径处。

超新星

距离地球460~650光年的猎户星座中的参宿四即将终结，参宿四或将在接下来的100万年内成为超新星。幸运的是，天文学家估计，超新星至少要在50光年内才具有杀伤力。因此，我们不必太过担心参宿四会摧毁地球的臭氧层。

6. 流浪恒星

在银河系中到处流浪的恒星可能会近距离经过太阳，其引力可能导致太阳系边缘的"奥尔特云"中的彗星撞向地球。

太阳自身沿着一条轨道绕银河系运转，它可能带着我们穿过致密

第 3 章

地球脉动

太阳系

的星际气体。目前太阳系正处于一个由超新星产生的密度较小的星际气体泡沫之中。太阳风和太阳磁场在太阳系周围形成了一个日光层，这个日光层能避免整个太阳系与星际物质相互作用。

在2万至5万年后，当太阳系离开这个区域时，日光层将发挥不了作用，地球便会暴露在外。届时，地球将会面临剧烈的气候变化，给人类造成毁灭性打击。

生命仍在继续

人类在地球上的结局似乎早已注定，而我们无力改变。对于我们

能够毁灭地球生命的六大宇宙灾难

而言，唯一能做的就是充分利用在地球上的时间发展科技。

我们不应坐等宇宙灾难降临，而是应该惊叹于太空的深度、宇宙的奥妙，并以此为启迪，思考生存的意义及人类的未来。

第4章
保护地球

第4章

4-1 我们每天都在"吃"塑料

保护地球

科学家从北极弗拉姆海峡的积雪样本中发现，每升雪中大约含有1.4万块微塑料。无独有偶，在美国科罗拉多州（包括落基山国家公园）不同地点收集到的雨水样本中，研究人员也发现了大量的微塑料。难以理解的是，像北极和落基山国家公园这样地球上较为原始的、人迹罕至的地区，怎么会有微塑料呢？更为现实和紧迫的问题是：这些微塑料会不会进入人体？会不会对人体造成伤害？

微塑料

实际上，微塑料的数量比我们能看到的要多得多，并且无处不在。可以说，微塑料已经成为环境的一部分了。

什么是微塑料？

2004年，英国普利茅斯大学的汤普森教授等人首次提出微塑料概念，将微塑料定义为直径小于5毫米的塑料颗粒，并形象地称之为"海洋中的PM2.5"。

微塑料分为初生微塑料和次生微塑料两大类。

初生微塑料是指经过河流、污水处理厂等直接进入环境的塑料颗粒。它们或是存在于化妆品、洗面奶、牙膏等化工产品中，或是作为工业原料而存在。

次生微塑料是大型塑料垃圾经过物理、化学和生物过程，体积分裂后减小而成的。

北极和落基山国家公园会出现微塑料是因为微塑料的体积和质量足够小，与尘埃、花粉一样，可随空气飘散，可见，大气流动对微塑料的扩散发挥着重要的作用。

海滩上的塑料污染物

目前看来,微塑料已经存在于地球上的各个角落,不仅在人迹罕至的北极和落基山国家公园中存在,还存在于人类以及所有动物的体内。

因此,几乎可以认为,微塑料已经"融入"我们的生活。

微塑料对人类的影响

微塑料不仅污染了我们的海洋和饮用水,杀死了海洋生物,还存在于我们所有人的身体里。我们无法避免微塑料的摄入,一个人平均每周摄入的微塑料大约是2000块(约5克),这相当于制作一张信用卡所需的塑料量。这是一个紧迫的、全球性的问题,而且只有从根源上消除塑料污染,才能从根本上解决微塑料污染问题。

人类摄入微塑料的方式

人类摄入微塑料的方式多种多样,但主要有以下三种:

微塑料随着食物链移动

1.海鲜类食物

最初关于人类摄入微塑料的报道主要关注水产品，因为海洋、河流和湖泊中的塑料污染最严重。通过自然环境的分解作用，这些塑料被分解成碎片，最终成为微塑料。而水中的微塑料先被浮游生物吃掉，浮游生物又被鱼、虾、蟹吃掉……就这样，微塑料随着食物链逐渐向上移动，最终进入人体内。

2.灰尘和空气

空气中存在大量的微塑料，这些微塑料会像尘土一样落在人类的餐盘上。研究人员通过观察和试验发现，在一个人正常的用餐过程中（20分钟时间），大约有114块微塑料落在餐盘上并进入人体内。如果累加起来，每年可达1.3万~6.8万块。另外，当人吸入空气的时候，空气中悬浮的微塑料也不断地进入人体内。

3.饮用水

有关机构对瓶装水中的微塑料进行了研究，测试了从9个不同国

瓶装水中可能含有微塑料

家购买的259瓶纯净水。研究发现，在所有被测试的对象中，有93%的瓶装水中含有微塑料，平均每升水有10.4块直径为0.1毫米或更大的微塑料。这个含量大约是自来水的2倍，也就是说，瓶装水中的微塑料要比自来水中的更多一些。这意味着，如果每天喝1升瓶装水，每年将可能摄入数万块微塑料。值得一提的是，研究人员还发现了一些尺度更小的颗粒（并不都能确定为微塑料，可能是其他的物质），平均每升达314块。

微塑料会影响健康吗？

很显然，微塑料已经是人类生活的一部分了，人类也无法阻止它们进入体内。那我们关心的现实问题是，进入体内的微塑料会对人体造成哪些危害。关于这个问题，目前还没有确切的科学研究结论，但是科学家已经对进入人体的微塑料的可能命运进行了分析：

它们会被吸收，但可能在对人体造成伤害前就被迅速分解或被排出体外；

它们会被吸收，但不会对人体造成伤害；

它们会被吸收，但它们携带的有害化学物质的剂量或浓度还达不到伤害人体的程度；

它们可能还没有伤害到我们，但如果它们携带的有害化学物质的剂量或浓度变高，将会对人体造成伤害；

它们不会被吸收，也不会释放所携带的化学物质，并且最终会离开人体。

话虽如此，科学家已经发现，纳米尺度的微塑料（直径在1~100纳米）可以直接进入细胞，而其危害将比大尺度的微塑料更为直接和严重。这种危害已经在鱼类身上得到证实。研究人员发现：当鱼类大脑中进入纳米尺度的微塑料时，这些鱼的行为会发生细微的改变，如进食速度变慢、对环境刺激的应激性变迟钝等。

总之，微塑料对人类健康的影响，我们了解得还远远不够，还需要科学家做更多的实证研究。

4-2 空气污染的主要来源是什么？

空气污染指空气中污染物的浓度达到有害程度，以致破坏生态系统和人类正常生存和发展的条件，对人和生物造成危害的现象。造成空气污染的主要物质有烟雾颗粒、尘土、生活垃圾、汽车尾气、油烟等。

空气污染的来源可分为自然污染源和人为污染源。自然污染源是

空气污染

自然原因（如火山爆发、森林火灾等）形成的；人为污染源是人们从事生产和生活活动而形成的。在人为污染源中，又可分为固定的（如烟囱、工业排气筒）和移动的（如汽车、火车、飞机、轮船）两种。人为污染源由于普遍存在，所以比起自然污染源来，更为人们所密切关注。

目前，空气污染的人为污染源主要分为四类：工业污染来源、生活污染来源、交通运输污染来源和农业污染来源。

工业污染来源

随着工业的迅速发展，空气污染物的种类和数量日益增多。工业企业由于性质、规模、工艺过程、原料和产品种类等不同，其对大

工业污染

第4章

气污染的程度也不同。正处于大规模工业化和城市化进程中的国家，空气污染物质主要产生于传统重工业，特别是一些发电、石油化工生产、金属冶炼、机械制造等行业，这些行业产生了大量的二氧化硫、烟尘和氮氧化物。此外，造成大气污染的重金属微粒和氟化物几乎全部来自工业源，而二次污染物臭氧的形成亦与工业源排出的氮氧化物和碳氢化合物相关。

生活污染来源

在居住区里，由于人口的集中，大量的民用生活炉灶和采暖锅炉也需要耗用大量的煤炭，尤其是在冬季，各种锅炉烟囱都冒着黑烟，空气中的颗粒物含量大大增多，空气中往往烟雾弥漫，这也是一种不

垃圾分类，减少生活污染

容忽视的空气污染源。室内污染源也是造成空气环境差的重要因素之一。由于居室环境通风不佳，在引入污染物或能释放有害物质的污染源后，居室内空气中的污染物无论是在数量上还是在种类上都会不断增加。

交通运输污染来源

近年来，由于交通运输事业的飞速发展，在城市中行驶的汽车日益增多，火车、轮船、飞机等客货运输频繁，这些都给空气带来了新的污染源。其中汽车尾气的排放对空气污染影响最大，汽车尾气污染物主要包括一氧化碳、二氧化碳、碳氢化合物、二氧化硫、烟尘和重金属化合物等。

交通运输污染

第4章 保护地球

飞机喷洒农药

农业污染来源

为满足全球人口快速增长而引起的对粮食的需求增加,集约化农业得到了迅速发展,并导致了一系列环境问题。在与环境和公众健康有关的空气污染因素中,农业排放物占主导地位。这些排放物对当地和区域环境质量都有重要影响,包括恶臭气体、颗粒物、有毒物质和病原体等。农业排放具有一定的地域性和时间性,不同排放过程中的媒介各异。以美国为例,最重要的污染排放物为氨(占总排放量的90%左右)。在农业生产中,化石燃料的燃烧、化肥等化学物质在耕作中的使用,都会释放二氧化碳、氢氧化物、硫化物和颗粒物等。越来越多的证据表明,大规模和高强度的农场和集中式动物养殖场增加了恶臭物质、痕量气体[①]和还原态硫化物的排放。

[①] 痕量气体是指大气中浓度极小的气体,如一氧化碳。

4-3 气候变化会影响人类健康吗?

到21世纪末,全球气温可能会比工业时代之前至少升高2℃。科学家指出,气候变化将直接影响国民健康。

首先是极端天气事件,包括热浪、干旱、暴风雨、旋风和洪水,会直接影响人们的生活,而且极端天气的长时间活动还会对人的健康产生不利影响。

其次是疾病。随着气候变暖,很多疾病的发病率和传播会呈现上

洪水

第4章

保护地球

藻华

升趋势。人类将面临大量来自新发疾病和外来疾病的患病风险，这些疾病目前尚缺乏有效的治疗方法及免疫措施。

再次是食物和水。水资源供应中断和高温将会给农作物生产带来巨大压力，同时干旱易使水库发生有害藻华，而海洋酸度增加也将给渔业带来不良影响。

此外，人口的就业也会受到影响。包括种植业、渔业和旅游业在内的产业尤其会受到温度剧烈升高、干旱和暴风雨等极端天气的严重影响。就业模式将会发生改变，供应链中断也将给商业

造成威胁。

最后，气候变化将波及社会安全。食物供应受到威胁、传染病模式发生变化以及陆地宜居环境的被迫变化将会引发紧张局势、社会动荡和暴力冲突。

受气候变化影响最严重的是最脆弱的社会成员，尤其是病人、老人、儿童和经济不宽裕的人，其他风险人群还包括孕妇、哺乳期妇女，以及社会、文化或语言上的孤立人群。因此，应该加强科学研究，完善针对相关人群的政策，以及找到最优方式使专家或政府机构与更广泛的社会群体进行沟通。

气候变化的影响很可能会因区域不同而产生差异。更干旱的气候可能会在大洋洲南半部盛行，影响城市水资源供应。降雨量减少还可能影响澳大利亚的"饭碗"——墨累—达令盆地，这片土地将更

达令河

容易受到害虫、作物病害以及水资源质量下降和储量减少的影响。另外，海洋温度升高和酸度增加将对海洋生态系统，如珊瑚礁等，产生不可逆转的负面作用，同时对渔业产生不利影响。

从国际范围来看，诸如太平洋岛国等低收入国家面对气候变化将更加脆弱，这些国家受到的人身安全和人口健康威胁将更加严重。它们面对的问题包括生计减少、粮食安全没有保障、海平面上升、极端天气事件、与其他国家发生对抗和暴力冲突的风险加大、因资源缺乏和生态系统退化导致的移民以及人口迁移等。

没有哪个国家能躲避全球气候变化产生的影响，对于任何国家来说，都应未雨绸缪，规划好相应措施来应对随时会来的挑战。

4-4 气候变化对海洋监测的影响

有关海洋污染的新闻报道层出不穷,包括石油泄漏、海洋垃圾以及其他重大污染灾害。其实,大多数海洋污染事故首先是由低水平的污染引起的,而这些污染通常是看不见的、持久性的,甚至是难以追踪的。随着时间的推移,长期的低水平污染造成了更大的污染灾难,煤炭开采产生的废物就是低水平海洋污染的一个例子。

当海洋污染造成的影响变得显而易见时,我们做任何事情都为时已晚,它可能引发周围环境的连锁反应,甚至造成巨大的经济损失。因此,保护海洋环境不仅要有道德责任和适当的经济激励制度,而且还要防患于未然,比如做好早期的海洋污染监测工作。

海洋监测

第 4 章

那么，如何对海洋污染进行监测呢？这就需要一个监测工具，即暴露在海洋环境中的指标生物（生物标记物），在海洋污染发生的初期就能在其体内检测到污染物。然而，由于全球气候的变化，导致了某些指标生物不再适用，从而使海洋污染更难监测。

珊瑚礁生态系统

海洋污染的监测工具：指标生物

简单来说，指标生物体内可测量结果达到了试验的门槛值，就能够提供污染物暴露的证据。指标生物主要用于确定污染的原因，作为必要的资料，为需要采取的任何措施或决策提供支持。

指标生物的监测指标存在于许多生物学领域。例如，在生物化学方面表现为对遗传物质DNA的损害、参与代谢的酶活性改变、细胞结构的损伤等，或者是更明显的病理、生殖和行为障碍。不过，这需要深入了解物种和相关的环境变量，包括这些变量如何影响各类指标生物。

气候变化的影响

联合国政府间气候变化专门委员会（IPCC）的评估报告显示，自1971年以来，全世界海平面以下至少75米的海洋，以每10年0.11℃的速度变暖，人类污染引起的二氧化碳排放量已达到每年将海水pH值降低0.0014~0.0024，预计还会持续降低下去。

第4章

保护地球

福建海洋观测站

 政府间气候变化专门委员会
OMM／WMO　　　　　　　　　　　　　　　PNUE／UNEP

决策者摘要

**气候变化区域影响
脆弱性评估**

编辑：

Robert T. Watson　　Marufu C. Zinyowera　　Richard H. Moss
世界银行　　　　　　 津巴布韦气象局　　　　 巴特立西北
　　　　　　　　　　　　　　　　　　　　　　太平洋国家实验室

David J. Dokken
项目管理员

IPCC第二工作组特别报告
1997年11月

1997 年 IPCC 评估报告

　　研究人员指出，气候变暖可能会对指标生物造成三个层面的影响。

　　首先，常用的指标生物可能不再适用，它们可能向北迁徙以寻找更冷的水域，而原来水域内的指标生物被新的入侵物种所取代，而这些物种对污染物不敏感，不适合作为指标生物。另外，生物迁徙模式的改变导致生物体内的污染物也跟着移动到以往未受污染的环境。

　　其次，污染物在环境中的境遇和行为会受到海水盐度、pH值和温度等环境因素的影响，特别是污染物的持久性、被生物吸收的能力以及被吸收后的行为，这些指标都会因气候的变化而改变。这意味着，生物体可能或多或少地受到污染物的影响，影响程度取决于具体的污染物和所涉及的生物物种。

138

最后，由于海水温度、盐度和pH值的变化，无法迁徙的生物生存压力越来越大，这可能影响它们的敏感度，使它们不适合再作为指标生物。

由人类造成的污染导致气候变化的证据是充分的，而气候变化也正在影响着海洋环境。因此，部分常用的指标生物和试验门槛值可能需要重新评估并适应这种不断变化的环境，才能继续用于海洋污染的预警。

4-5 我们有可能将全球气温增幅控制在 2℃以内吗?

自19世纪80年代以来，全球平均气温一直处于上升状态，现在的平均温度比19世纪末的平均温度高约1℃。科学家利用气候模型和全球温度数据进行统计分析得出结论，这种增长主要是由人类活动产生的二氧化碳和其他温室气体排放增加而造成的。

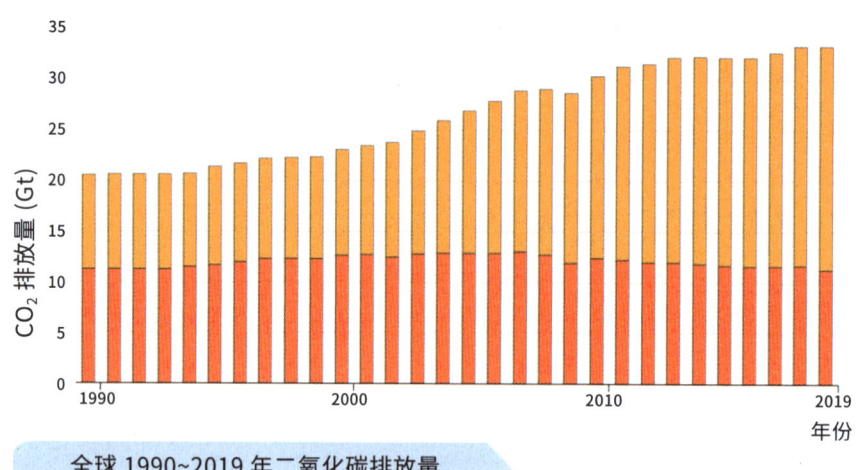

全球 1990~2019 年二氧化碳排放量

据科学家预测，全球气温上升1℃，将使海平面不可逆地升高约2米。上海、亚历山大、里约和大阪这些沿海城市受影响最大，届时迈阿密或许会被淹没，佛罗里达州也将有三分之一沉入水下。

气温上升幅度控制在多少才算安全？

全球变暖以及由此带来的种种自然灾害如此严重，那么，在21世纪，全球气温上升幅度控制在多少才算安全呢？

2009年的哥本哈根世界气候大会提出，与1750年工业化之前的气温相比，全球气温继续升高2℃是人类社会可以承受的最高限度。因此，要在21世纪末把全球气温增幅控制在2℃以内。

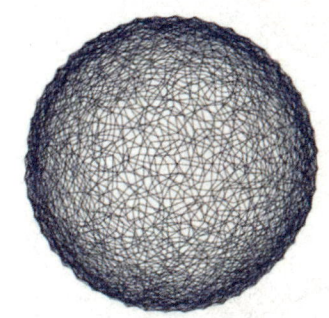

哥本哈根世界气候大会标志

2016年4月22日，170多个国家的领导人齐聚美国纽约联合国总部，共同签署关于气候变化问题的《巴黎协定》。2016年9月3日，中国全国人大常委会批准中国加入《巴黎协定》。2017年6月1日下午，美国退出《巴黎协定》。不过，美国的中途"下车"，无法阻挡全球应对气候变化的决心。

《巴黎协定》的主要目标是将21世纪的全球平均气温上升幅度控制在2℃以内，并将全球气温上升控制在前工业化时期水平之上1.5℃以内，以避免灾难性后果，例如热浪、干旱、极端降雨和海平面上升。因此，上升幅度控制在2℃以内是上限，控制在1.5℃以内是要努力达成的目标。

我们有可能将全球气温增幅控制在2℃以内吗？

第 4 章

保护地球

- 发达国家
- 发展中国家

排放量单位：千吨

《巴黎协定》参与国家
194 个成员
192 国 + 欧盟 + 巴基斯坦

非参与国家
3 国

叙利亚 7.7 万　尼加拉瓜 1.6 万

中国
1250 万
二氧化碳等量
总温室气体排放
（人均约 7.5 吨）

美国
630 万
（人均 16.8 吨）

美国前总统特朗普宣布美国退出《巴黎协定》，成为非参与国家

印度 300 万　巴西 300 万　俄罗斯 280 万

日本 150 万　加拿大 100 万　德国 95 万　刚果 80 万　印尼 78 万　澳大利亚 76 万

韩国 67 万　墨西哥 66 万　伊朗 65 万　玻利维亚 62 万　英国 59 万　缅甸 53 万　中非 52 万

沙特 51 万　南非 50 万　法国 50 万　苏丹 49 万　意大利 48 万　土耳其 45 万　泰国 44 万

欧盟
（人均约 7 吨）

其余 170 位成员
共 1100 万

《巴黎协定》的参与国家和非参与国家，及其温室气体排放量

142

"碳预算"还剩多少？

"碳预算"的概念最早是由《京都议定书》策划者提出的，最初目标是为了确定一国乃至全球范围内，在一定时期允许排放到大气中碳的数量，以保证将全球变暖的增幅控制在2℃以内。

哥本哈根的会议曾给出过二氧化碳可排放量（碳预算）的答案：以气温控制在2℃以内为上限，到2050年为止，全球可以排放的二氧化碳总量最多约为8000亿吨。中国科学院院士丁仲礼认为，联合国政府间气候变化专门委员会（IPCC）报告原文中，并没有明确气候变暖是人类活动产生二氧化碳所带来的结果，也没有确切数据表明二氧化碳能对气候变暖产生多大影响，所以8000亿吨这个数据是以二氧化碳升温效应为基础计算出来的结果。

不仅如此，近几年关于"碳预算"的科学估计值之间相差也很大。所以，"碳预算"还剩多少其实并没有一个准确的科学估计值。8000亿吨的估值饱受争议，但作为一个科学预测数据，我们可以当作参考。

根据有关数据，2018年，全球的二氧化碳排放总量达到了371.3亿吨的新高度，假设每年均按照这个标准排放，到2050年的32年间，会排放11881.6亿吨二氧化碳，远远超出8000亿吨。

还有一个事实是，不管哪个国家在哪个方面产生的二氧化碳排放量，几乎都呈现上升趋势。换句话说，全球二氧化碳每年的总排放量或许还会继续增加。而且，这些结果是根据气温上升2℃的上限推算的，若根据1.5℃的目标，"碳预算"会更少。

温控目标，道阻且长

目前，全球生产和生活所消耗的能源的85%仍是化石能源，即便

我们有可能将全球气温增幅控制在2℃以内吗？

二氧化碳的排放量大大减少，也只是减缓大气中二氧化碳的增加速度而已，二氧化碳总量依旧在持续增加。换句话说，"减少碳排放"不能作为控制气候变暖的唯一手段，需要采用其他手段和方法综合控制气候变暖。

改善能源效率，这意味着我们可以使用少得多的能源达到同等目标，比如设计利用阳光和天然空气循环的建筑，这样可以减少用于制热、制冷和通风的商业能源。同时需要转向太阳能、风能、水能、核能、地热能和其他不基于化石燃料的能源形式。

在技术上已经可以用安全、廉价和足够规模的替代能源，来取代

利用太阳能和风能发电

几乎所有仍在使用的煤炭和大部分石油，只保留天然气（最清洁的化石燃料）继续充当主要能源来源，直到21世纪中叶。

捕捉发电厂产生的二氧化碳，避免这些二氧化碳逃到大气中。捕捉到的二氧化碳可以注入地下或海底，做长期的安全储藏。碳捕捉和隔离（简称CCS）已经实现了相当小规模的成功应用（主要用于枯竭油井的油气回收），当且仅当CCS可以成功地得到大规模应用时，依赖煤炭的国家才可以继续使用它们的储量。

不管怎样，全球的气候环境在逐渐恶化，我们不能坐以待毙，无论实现温控目标的路有多艰难，只要有效、可行，我们就得走！

第4章 保护地球

4-6 地球生态系统可以重启吗?

在宇宙中遥望地球,呈现在我们眼前的是一个巨大的总体为蔚蓝色的星体:蓝色的海洋、土黄色的陆地以及蜿蜒其上的连绵不断的青山。地球为人类的生存提供水、大气、矿产资源以及合适的温度等条

太空中看地球

件，是目前为止最适合人类生存的星球，承载着亿万生命体。

　　近几个世纪以来，人类活动的范围不断扩大，对地球资源的消耗迅速增加，同时造成的大气污染、水体污染、植被破坏、土壤污染和沙漠化等环境问题日益凸显，使地球"伤痕累累"。接连出现的环境问题使民众逐渐意识到：为了人类的生存，我们必须努力使地球成为一个可持续发展的星球。于是，人们拿起科技的武器——地球生态修复技术，开始了拯救地球的大工程。

　　地球生态修复指运用科技手段使原来受到干扰或者损害的生态系统得以恢复，从而能被人类持续利用。目前我国地球生态修复技术包括地质灾害防治技术、污水处理技术、植物修复技术、废气处理技

人造防护林

术、土地修复技术等五个方面，这些技术的应用对地球环境的改善起到了一定的作用。

但是，在地球生态系统没有被破坏之前就对其加以保护，成本相对较低，而对已被破坏，或者正处于被开发利用中的生态系统实施生态修复，则成本较高。因为这一过程将涉及生态重建、就业安置等生态、经济和社会问题，并且目前生态修复的技术尚未成熟。因此，从源头上减少对地球生态系统的破坏，才是地球可持续发展的长久之计。

地球是我们的家园，保护地球是我们每一个人的责任！

4-7 有一天我们真的会需要挪亚方舟吗？

许多关于世界末日的预言不时牵动人类的敏感神经，地球上频繁出现的自然灾害不禁让人产生疑问：世界末日真的会到来吗？许多人听过挪亚方舟的故事：为了帮助人类躲过大洪水，挪亚建造了一艘大船，让各种飞禽走兽躲到船上。是不是有一天，我们真的会需要挪亚方舟？

为了回答这一问题，我们首先要了解可能会导致世界末日的自然灾害产生的原因。自然灾害包括干旱、洪涝、台风、冰雹等气象

泥石流

第4章

保护地球

卫星拍摄的台风

灾害，火山喷发、地震、泥石流等地质灾害，以及风暴潮、海啸等海洋灾害……全球每年发生的自然灾害不计其数，数万人被夺走宝贵的生命。

为了与大自然和谐相处，人类一直孜孜不倦地探索自然灾害的科学规律。人类证实地球是由漂浮的岩石圈板块构成的，在万有引力的作用下，不同板块之间的挤压碰撞会释放巨大能量，从而引发地震。科学家发现，随着二氧化碳排放增多，温室效应增强，厄尔尼诺现象频繁发生，导致干旱及水灾越来越严重。

为了避免或减轻自然灾害带来的人身、财产损失，人类构建了精密的监测预警与应急处置网。搭载在卫星上的观测仪器能定期观测大气、云和地表等环境变化；国家预警中心每天定时发布台风、暴雨等各类灾害性天气的预报；在容易发生地质灾害的山坡、沟谷，安装监测地质体变形破坏的预警仪器；通过科普教育，增强人们的防灾减灾意识和技能。我国在2005~2014年，成功预警1万起滑坡和泥石流灾害。2014年8月9日，四川省丹巴县东谷乡突然爆发泥石流，由于预警及时，1520余名受威胁群众紧急撤离，无一人伤亡。

据推测，地球已存活了46亿年。科学家认为，若任凭地球自由自在地运转，它还会存在很久很久。在浩瀚的宇宙长河里，地球是最适宜人类居住的星球，这里才是我们需要共同努力建设的"挪亚方舟"。

图书在版编目（CIP）数据

好奇事务所 / 中国科普研究所科学媒介中心编著. -- 北京：朝华出版社，2024.4
ISBN 978-7-5054-5003-5

Ⅰ.①好… Ⅱ.①中… Ⅲ.①自然科学－青少年读物 Ⅳ.①N49

中国版本图书馆CIP数据核字（2022）第013717号

好奇事务所

编　　著	中国科普研究所科学媒介中心
选题策划	袁　侠
责任编辑	王　丹
特约编辑	刘　莎　乔　熙
责任印制	陆竞赢　崔　航
封面设计	奇文雲海 [www.qwyh.com]
排　　版	璞茜设计
出版发行	朝华出版社
社　　址	北京市西城区百万庄大街24号　　邮政编码　100037
订购电话	（010）68996522
传　　真	（010）88415258（发行部）
联系版权	zhbq@cicg.org.cn
网　　址	http://zhcb.cicg.org.cn
印　　刷	天津市光明印务有限公司
经　　销	全国新华书店
开　　本	710mm×1000mm　1/16　　字　数　130千字
印　　张	10
版　　次	2024年4月第1版　2024年4月第1次印刷
装　　别	平
书　　号	ISBN 978-7-5054-5003-5
定　　价	49.80 元

版权所有 翻印必究·印装有误 负责调换